特高压工程数字化建设

创新与实践

国家电网有限公司特高压建设分公司　编著

中国电力出版社

CHINA ELECTRIC POWER PRESS

内 容 提 要

为进一步完善基建专业管理体系，深化工程标准化建设，提升专业管理水平和整体建设能力，国家电网有限公司（以下简称"国家电网公司"）在 2022 年制定了基建"六精四化"三年行动计划，要求在专业管理上实施"六精"，在工程建设上实施"四化"。本书重点对"四化"之一的"智能化"如何支撑特高压输变电工程建设与专业管理进行了经验总结和创新实践。

本书系统阐述了数字化如何支撑"安全管理""质量管理""进度管理""技术经济与财务管理""技术管理""队伍管理"，并结合具体工程进行了应用分析和效果评价。

本书可作为广大特高压建设者开展数字化创新与实践工作的学习参考资料，书中总结的相关经验可以在后续工程中推广应用，能进一步推动特高压输变电工程优质、高效建设。

图书在版编目（CIP）数据

特高压工程数字化建设创新与实践 / 国家电网有限公司特高压建设分公司编著. —北京：中国电力出版社，2022.12

ISBN 978-7-5198-7517-6

Ⅰ．①特…　Ⅱ．①国…　Ⅲ．①特高压电网–电力工程–研究　Ⅳ．①TM727

中国版本图书馆 CIP 数据核字（2022）第 255388 号

出版发行：中国电力出版社
地　　址：北京市东城区北京站西街 19 号（邮政编码 100005）
网　　址：http://www.cepp.sgcc.com.cn
责任编辑：苗唯时　闫姣姣　马雪倩
责任校对：黄　蓓　郝军燕
装帧设计：郝晓燕
责任印制：石　雷

印　　刷：北京九天鸿程印刷有限责任公司
版　　次：2022 年 12 月第一版
印　　次：2022 年 12 月北京第一次印刷
开　　本：710 毫米×1000 毫米　16 开本
印　　张：8　插页 1
字　　数：111 千字
印　　数：0001—1000 册
定　　价：70.00 元

编 审 委 员 会

编著工作组

主　编　张亚鹏

副主编　张　智

成　员　宋　涛　　王小松　　罗兆楠　　李　丹　　周之皓

　　　　靳卫俊　　杨怀伟　　苗峰显　　张　伟　　葛江北

　　　　孙斐斐　　谢永涛　　张　智　　江海涛　　王　鹏

　　　　宋若愚　　董　然　　李砚洵　　邓佳佳　　田文博

　　　　冯怡雪　　宋文志　　任培祥　　王　稚　　路　宁

　　　　范继中　　吴　凯　　郑树海　　王关翼

前　言

根据我国能源和负荷的分布特点，能源基地电能需要通过电网大规模、远距离地输送和消纳，在全国范围内实行优化配置。特高压输电技术具有输送距离远、容量大、损耗低、效率高的特点，是实现能源大规模开发、大容量输送、大范围配置的关键和基础。

国家电网有限公司党组从服从党和国家工作大局、服务国家发展战略、服务经济社会发展需要出发，践行人民电业为人民的企业宗旨，在大力实施"一体四翼"发展布局，服务"双碳"目标、加快构建新型电力系统的关键时期，重组整合成立国网特高压公司，在推进特高压电网高质量建设中发挥核心作用，承担起加快特高压输变电工程建设的新的历史使命。

为进一步完善基建专业管理体系，深化工程标准化建设，提升专业管理水平和整体建设能力，国家电网有限公司（以下简称"国家电网公司"）在 2022 年制定了基建"六精四化"三年行动计划，要求在专业管理上实施"六精"，在工程建设上实施"四化"。本书重点对"四化"之一的"智能化"如何支撑特高压输变电工程建设与专业管理进行了经验总结和创新实践。

希望通过本书，广大读者可以全面了解特高压输变电工程信息化、数字化、智能化建设的创新与实践。书中总结的相关经验可以在后续工程中推广应用，能进一步推动特高压输变电工程优质、高效建设。

由于作者水平有限，书中难免存在不妥之处，敬请广大读者批评指正。

作者

2022 年 10 月

目　录

第 1 章
概　　述

　　安全、高效、清洁是能源发展的战略方向，建设特高压电网是建设美丽中国切实可行的措施。特高压建设领域，包括科研、设计、设备、施工等多方面，本书主要涉及的是在特高压输变电工程建设现场施工与管理中数字化建设的创新与实践。在工程现场建设管理体系中，"数字化"是一个"新生力量"，存在巨大潜力和与生俱来的优势。如何利用数字化管控手段，提升工程安全、质量水平，逐步推动特高压输变电工程建设的数字化转型，是特高压建设者面对的新课题。特高压线路工程如图 1-1 所示。

图 1-1　特高压线路工程

1.1 特高压输变电工程建设特点

中国能源资源的分布和需求是逆向的，国家的能源资源主要分布在北部和西北部，但用电负荷中心在东南部，最有效的方法是把能源资源就地转变为电力，进行远距离输送，在全国范围内实行优化配置。特高压技术是指 1000kV 交流和 ±800kV 及以上直流输电技术，具有输送容量大、距离远、效率高、损耗低等特点，是实现能源大规模开发、大容量输送、大范围配置的关键和基础。

特高压输变电工程包括特高压交流输电和特高压直流输电，其功能和特点各不相同。特高压交流输电主要用于构建坚强输电网络和电网互联的联络通道，中间可以落点，电力的接入、传输和消纳十分灵活，是电网安全运行的基础；交流电压等级越高，电网结构越强，输送能力越大，承受系统扰动的能力越强。两端直流输电系统中间没有落点，难以形成网络，更适用于大容量、远距离点对点输电；对馈入、大容量直流输电系统必须有稳定的交流电压才能正常运行，需要依托坚强的交流电网才能发挥作用，保证电网安全稳定运行。

根据中国能源和负荷的分布特点，特高压交流输电定位于主网架建设和跨大区联网输电，同时为直流输电提供重要的支持；特高压直流输电定位于大型能源基地的远距离、大容量外送。构建结构坚强的受端电网和送端电网，形成坚强的特高压交直流混合输电网络，为实现大水电、大煤电、大核电、大可再生能源发电的跨区域、远距离、大容量、高效率输送和配置提供保障。

2009 年 1 月，我国自主研发、设计和建设的晋东南—南阳—荆门 1000kV 特高压交流试验示范工程建成并正式投入商业运行，如图 1-2 所示。2010 年 7 月，向家坝—上海 ±800kV 特高压直流输电示范工程建成并正式投入商业运行，如图 1-3 所示。国家电网有限公司特高压建设分公司（以下简称"国网特高压公司"）负责国家电网公司直接投资或担任项目法人单位的特高压输变电工程、跨区电网重点工程的建设管理、技术统筹和管理支撑工作，特高压直流核心设备监造管理工作等。截至 2021 年年底，国家电网公司已陆续建成 15 个特高压交流输电工程及 14 个特高压直流输电工程。特高压交直流输电工程的建成投运和稳定运行，全面验证了发展特高压输电的可行性、安全性、经济性和优越性。

图 1-2　晋东南—南阳—荆门 1000kV 特高压交流试验示范工程

图 1-3　向家坝—上海 ±800kV 特高压直流输电示范工程复龙换流站

特高压输变电工程的建设过程不同于常规输变电工程，有其特殊性，主要体现在工程设计、新技术的应用导致无法套用既有工程模型，工程点多、面广、地理条件复杂；站区面积大、施工单位多，管控难度增加；主设备生产制造难度大，驻场监造管控力度需要增加；建设管理模式复杂、管理层级多等。数字化建设在特高压输变电工程中的作用越来越明显，需要通过数字化手段推动特高压输变电工程建设水平提升，通过数字化向特高压输变电工程建设赋能，提升特高压输变电工程建设的本质安全和实体质量。

1.2 电网基建工程数字化发展历程

1.2.1 信息化、数字化与智能化

信息化、数字化与智能化这三个概念，已经渗透到社会各个方面。三者既有区别、又有联系，在具体问题上，往往容易混淆。从概念上讲，信息化是指培育、发展以智能化工具为代表的新的生产力并使之造福于社会的历史过程（1997 年全国信息化工作会议上提出）；数字化是指将许多复杂多变的信息转变为可以度量的数字、数据，再以这些数字、数据建立起模型的过程或属性；智能化是指事物在计算机网络、大数据、物联网和人工智能等技术的支持下，所具有的能满足需求的属性。由此可得到这样的推论，数字化是一种基础手段，智能化是多种手段的综合应用，而信息化则是一个过程。

在电网基建工程应用方面，信息化、数字化、智能化可以泛指以"大、云、物、移、智、链"等先进技术，服务工程建设和相关人员，提升工程安全、质量和管理水平的一种手段。在具体工作中，信息化一般指信息系统的建设和应用；数字化一般指工程三维设计、数字模型构建与大数据挖掘应用；智能化一

般指对于智能设备、智能工器具的研发与使用。

1.2.2 信息化建设

"十一五"期间，国家电网公司准确把握信息化发展现状与未来趋势，确立了实施国家电网公司信息化"SG186"工程。通过 SG186 工程，国家电网公司建立了企业集团一体化的信息系统，彻底扭转了信息化滞后于电网发展和企业管理的局面，有效支撑了企业与电网发展方面的需求，为国家电网公司后续信息化的快速发展打下了坚实的基础。

"十二五"期间，国家电网公司信息化建设的重点工作是开展 SG-ERP 建设，支撑"三集五大"体系。其中，在大建设领域，通过建设统一的国家电网公司基建信息系统，融合了当时不同建设管理单位开发的系统，实现了全网基建工程统一的信息化管理。同时，在电网基建管理中的各个领域，包括资金、计划、项目、物资、设备等方面，通过信息系统实现了高效的线上管理。工程建设的信息化应用进入了一个全新的阶段。

"十三五"期间，国家电网公司启动了 SG-ERP3.0 建设，在"大、云、物、移、智、链"等技术方面取得了进一步的创新。完成了电力物联网总体规划和应用系统、数据平台、网络安全等专项规划，在人工智能、"国网芯""国网云""企业中台"、北斗技术、5G 技术等领域的研究和应用中取得了新的突破。这也为工程建设数字化、智能化提供了更加先进的技术和更加高效的平台。

1.2.3 工程数字化与智能化应用

自 2017 年开始，国家电网公司基建工程全面推动了视频监控的接入以及工程建设现场人员、车辆的智能化管理，通过人脸识别、智能违章抓拍、卫星/UWB/RFID 等定位技术，强化工程现场的安全质量管控；开展基建移动应用建设工作，实现了人员考勤、作业票、风险、计划等功能的开发应用，大幅降低了现场人员的负担，提升了管理效率。

2019 年下半年开始，在国家电网公司新建 35kV 及以上输变电工程中，应用三维设计，从设计招标、设计评审等关键环节入手，推进三维设计工作；发布了 11 项国家电网企业标准（设计类 3 项、模型类 4 项、数字化移交类 3 项、软件功能类 1 项），建立了三维模型库，为工程三维设计发展创造了有利的条件。

2020 年，国家电网公司基建部（以下简称"国网基建部"）组织完成了基建全过程综合数字化平台建设与推广应用，有效解决了电网基建业务的数字化应用、信息自动采集、数据共享共用和价值挖掘四个方面的问题。在 2020 年年底，国家电网公司特高压事业部（以下简称"国网特高压部"）启动了特高压大数据系统建设，依托±800kV 白鹤滩—江苏工程，全面推动特高压输变电工程三维正向设计，创新开展"一横十纵"的数字化建设工作。

1.3 工程现场数字化建设基本思路

1.3.1 基本原则

1. 顶层设计、标准化建设

按照国网基建部、特高压部、国家电网有限公司数字化部（以下简称"国网数字化部"）等相关部门关于数字化建设工作的要求，现场数字化重点在感知层进行建设。国网特高压公司层面通过统一的接入平台，实现工程现场数据的接入，并与总部业务系统实现贯通。工程现场的数字化建设采取标准化、模块化的建设方式。

2. 安全规范、开放共享

工程现场数字化建设满足国家电网公司网络信息安全相关规定，特别是信息网络准入要求；设备通信接口规范应满足国标要求；现场部署的设备尽量采取永临结合或服务租赁的方式，自采设备应在工程中周转使用。

3. 问题导向、实用管用

工程现场数字化建设要结合工程施工阶段的主要问题、基层一线的迫切需求开展工作，重点关注影响工程安全、质量的关键环节，以"实用、管用、好用"作为建设需求的判断标准。工程现场数字化建设尽量采取智能感知的方式获取数据，如需录入数据则要进行数据源分析，确保数据实现一次录入、多次使用和同源维护。

1.3.2 系统架构

按照物联网的通用架构体系，工程数字化系统总体架构分为四层，分别是感知层、网络层、平台（数据）层、应用层，见表1-1。工程现场数字化建设主要涉及感知层和网络层内容。

表1-1　　　　　　　　　工程数字化系统总体架构

项目	感知层	网络层	平台（数据）层	应用层
定义	通过现场传感设备自动获取环境信息	通过通信网络进行信息传输，连接感知层与平台层	为应用服务提供开发、运行环境并存储系统数据	为系统用户提供应用程序等服务
建设内容	现场采集、感知类设备	现场网络交换、传输设备	采用国网云和企业中台技术路线进行建设、部署信息系统	面向所有用户的各类业务应用
面向对象	现场用户	现场用户	系统管理用户	所有用户
建设主体	工程现场	工程现场	公司本部	公司本部

1. 感知层

感知层是现场"物联网"的核心。主要功能是感知现场各类要素的状态，获取要素信息。感知层设备包括（不限于）：视频采集设备、人员进出闸机、车辆道闸、气象监测站、深基坑和边坡的位移监测、大体积混凝土测温、人员和车辆定位卡片、水质水位监测仪、智能游标卡尺等各类传感器。

2. 网络层

网络层是连接感知层与平台层的纽带。主要功能是将感知层获取的信息传送至平台层和应用层。网络层包括了支撑工程现场数字化系统的局域网和互联网。现场的网络层设备包括：内外网络接入设备（光传输、路由、交换、电源等）、现场局域网设备（光缆、交换机、室外 AP、网桥、信号放大器等）。

3. 平台（数据）层

平台层可按照国网云和企业中台技术路线进行建设。为应用服务提供开发、运行环境并存储系统数据，实现云服务、云计算的功能。平台层由工程建管单位按要求统一组织建设。

4. 应用层

应用层是通过构建典型应用场景，为用户提供直接服务的各类应用。应用层由公司统一组织建设。各工程现场在应用层中使用统一的界面；非标准化的功能需求，经评审通过后，可在应用层添加对应的应用服务。

1.3.3　系统与平台建设

工程现场开展数字化建设，即"智慧工地"建设，主要目的是进一步提升工程安全、质量管控水平，利用数字化、信息化的手段为工程赋能增效，在建设中要注意以下问题。

首先要明确建设的内容和范围，充分考虑现场数字化、智能化建设的必要性与经济性。避免建设与工程本体安全、实体质量管控关系不大、效益不明显的功能。目前，应用成熟且效果好的功能包括了视频监控、环境监测、安全质量监测与三维数字化应用等内容。在确定建设内容后，要考虑建设范围，科学合理适度地投入。如在混凝土测温、沉降监测等工作中，应考虑关键点位的选取，避免大量布设一次性设备。同时，还要明确系统与相关设备的配置方式。在系统部署方面，尽量避免系统重复开发建设，现场的物联设备可通过边缘计算、代理设备接入上一级系统平台；在智能设备方面，尽量采取"永临结合"的方式或租赁、周转使用的方式，避免重复、低效投资。

基建系统平台建设，按照国网基建全过程数字化综合平台建设和国网特高压大数据系统建设安排开展工作。系统建设方面，采取总部—建设管理单位两级部署的方式。建管单位这一级平台中，满足基建"一横六纵"（安全、质量、进度、造价、技术、队伍）专业管理要求，并考虑特高压输变电工程管理的特殊性，即以项目管理为核心，聚焦设计、设备、现场施工等关键环节按，按照"一横十纵"（增加设计、科研、环水保、创优）开展建设。同时，国网特高压公司在平台建设中增加了知识管理（五库一平台）和现场临时党支部的内容，取得了良好的效果。

1.3.4　电网数字孪生场景构建

电网三维场景是电网工程数字化、可视化表达的数据基础，其核心和关键是基础地理数据和线路工程、变电工程模型、属性等信息数据，利用 BIM、GIS、三维可视化等技术将工程的多维信息数据进行综合表达实现电网三维场景的构建。通过遥感技术手段获取现场高精度影像和地形数据，利用可视化技术可完整地重现工程现场地理环境构建三维地理场景。工程模型主要是利用三维设计软件输出的线路和变电三维设备模型，通过空间位置和关联关系实现的含有一定逻辑关系的模型。基于统一的坐标系统实现三维地理场景和工程模型的整合。除了三维地理场景和工程模型外，还需要电网工程专题数据、设备属性、文档资料等相关的工程信息。电网三维场景实现了地理环境、工程模型及工程信息的数字化展示，通过将电网三维场景和工程现场物联感知设备关联，实现多维信息联动，赋能现场建设可视化、智能化管控。

　　为实现数字孪生场景构建在工程中的应用，首先应抓住"三维设计"这个"龙头"。要构建设计单位三维正向设计的工作台，基于 BIM 技术构建电网三维场景，建立多工作主体横向协同，各阶段纵向贯通的工作模式，可实现多专业、多设计单位按照统一的标准和工作流程在同一平台上开展模型校核、提资配合等协同工作。同时可将设计成果延伸到工程施工，利用三维技术进行深化设计，提升工程设计及施工水平。将三维正向设计成果与智慧工地贯通，实现工程建设全过程、全方位的实时监控、智能分析和辅助管理决策，通过现场物联感知技术实现对现场施工人员、设备、物资状态感知，及时发现违章等异常行为，并在数字孪生的场景中实施监测。为实现海量特高压工程建设数据的挖掘和分析，首先要汇集三维设计协同管控系统和智慧工地系统数据，归集存量工程数据资料，包括地理信息、三维模型、工程文档、技术指标等基础数据，并提供数据服务，同时汇集有价值的方案、成果、经验，建立知识库、经验库等，可降低学习成本。

1.4　数字化关键技术

1.4.1　物联网技术

　　物联网，是在互联网基础上延伸和扩展的网络，可以将各类信息传感设备与互联网结合，实现人、机、物的互联互通。电力物联网，是应用于电网的工业级物联网，是以电网为枢纽，通过能源运营调度和交易系统，将各类与能源生产、消费等相关的电力行业及用户连接起来，提供各类服务的网络平台。

　　在电网工程现场建设中，物联网技术应用主要是指面向工程现场建设要素，即"人、机、料、法、环"，通过智能感知、采集、分析、计算，服务于工程建设管理的多个应用型技术的集合。主要包括了：传感与采集技术、传感网技术、边缘物联代理技术、智能终端技术、安全防护技术等。

物联网技术在工程现场可用于：

（1）自动感知，减少人员手工录入。例如对于现场每日人员、车辆、机械的进出，采用智能卡、生物识别、图像识别等方式进行登记，可以高效完成统计；对于设备、材料进场、加工、安装等过程，也可以通过扫码、RFID 等方式记录，实现信息快速同步，大幅度减少人员的投入。

（2）客观精准，避免主观偏差。在工程现场推动智能工器具进行实测实量，可以有效提高质量验评效率，如激光卷尺、力矩扳手、智能全站仪等工具的应用，还可以提高精度、减少偏差，数据传输到信息管理平台后，能够做到记录可追溯。

（3）快速智能，问题及时处置。对影响工程现场安全、质量、环境的要素进行智能识别与联动，可以及时发现并解决问题。如通过混凝土测温设备联动养护装置对大体积混凝土施工进行智能管控；通过阀厅环境监测设备保障工作环境的空气洁净度与微正压；通过高空微气象监测与人员监控监测设备，保障铁塔组立施工作业人员的安全。

1.4.2 三维数字化技术

三维数字化，主要是指运用三维工具（软件、设备），创建三维模型，通过与实体的交互，实现各类管理目标。数字孪生，是在三维数字化基础上的一个新概念，早期被称为"信息镜像模型"，是利用物理模型、传感器、历史数据来反映实体变化的一种手段。三维设计，是电网基建数字化的重要基础。目前，电网基建工程设计工作已经全面采用了三维设计的方式。国网基建部对于工程三维设计的建模、交互、移交都做了明确的规定，形成了一系列的规范和标准。

在电网工程现场建设中，对于三维数字化的应用，主要包括了工程的三维正向设计、深化设计；对于数字孪生则是在工程方案比选、优化方面得到了应用。

三维数字化技术在工程现场可用于：

（1）三维模型辅助工程量计算。三维图纸具有可视化与计算功能强大的特点，因此在工程量辅助计算中可发挥重要作用。例如特高压变电（换流）站电缆用量大，通过三维设计手段建立模型，对电缆敷设进行拟合分析，可实现全站动力电缆、控制电缆敷设模拟，减少后期结算工作量、提高计算精度。

（2）工程难点、重点的细部深化设计。在三维正向设计模型的基础上，针对工程关键细部，开展三维深化设计，从而提高材料加工精度和施工工艺水平，保证工程质量。例如在特高压换流站中，开展防火墙封堵的三维深化设计，可对方案进行优化设计并指导施工作业；在线路工程中，对杆塔连接件、金具部件连接点等细节进行细化设计，补充关键部位几何模型和属性信息，同时对导线跳线进行三维设计校核和优化。

（3）施工进度模拟与施工组织方案设计。对重要施工过程进行进度模拟，实现可视化交底、辅助安全管理、优化调整施工组织设计，规避各类影响施工安全、质量、进度的不利因素，提升工程建设效率。例如对换流站、变电站的施工作业中，优化作业面中的施工机械、材料、人员，尽量避免交叉施工、近电作业等风险；在线路组塔施工中，进行塔材精细放样，模拟吊装方式、吊点位置等作业情况，有效提升实际作业效率。

1.4.3　智能图像识别技术

智能图像识别技术，是指利用计算机对图像进行处理、分析和理解，使计算机能够识别区分不同对象的技术。基本原理是经过图像采集、图像预处理、特征提取、图像识别四个步骤，实现计算机对图像的准确自动识别。伴随着人工智能的发展，图像识别技术已经被广泛应用到各个领域中，例如交通领域中的车牌号识别、交通标志识别，军事领域中的飞行物识别、地形勘查，安全领域中的指纹识别、人脸识别等。在工业领域时，一般采用工业相机拍摄图片，然后再利用训练好的模型算法对素材做进一步识别处理。

智能图像识别技术已成为电网基建数字化的重要组成部分。在电网工程现场建设中，通过运用智能图像识别技术，可以识别人物、位置、特征和动作，从而对现场施工作业、危险物、危险状态进行智能分析与预警。

智能图像识别技术在工程现场可用于：

（1）人员身份智能识别。在输变电工程施工作业现场的入口、站班会现场、施工区域内，对人员身份、作业工种进行智能识别，实现基建业务的自动核查。

（2）安全违章识别。在输变电工程所有施工作业区域，对施工人员着装、安全帽、安全带、登高作业、起重作业、深基坑作业等场景进行智能识别和报警。

（3）质量通病识别。在线路工程、变电站工程、电缆工程施工作业现场质量验收中，实现对线路工程的导地线损伤、螺栓缺失、螺栓缺陷、接地引下线质量缺陷、绝缘子金具安装缺陷等进行智能识别；实现对变电站工程现场，主变压器设备、GIS 安装、建筑基础和设备基础沉降变化等信息进行监测；实现对电缆工程现场，电缆敷设、附件安装、电缆质量缺陷等信息进行监测，塔基塌方识别如图 1-4 所示。

（4）工程进度识别。在输变电工程的施工过程中，实现对主设备安装进度、铁塔基础和组立施工进度进行智能识别。

1.4.4 精准定位技术

广义的定位技术，按照使用场景不同可划分为室内定位和室外定位两大类。目前广泛应用的如北斗/GPS 卫星点位、基站定位、Wi-Fi/蓝牙/射频识

图 1-4 塔基塌方识别

别（RFID）/红外定位、无线超宽带脉冲技术（UWB）等，通过定位终端结合定位算法，实现米级以内的定位。精准定位技术是普通定位技术的延伸，一般是多种定位技术的综合运用，精度一般在 10~50cm 的亚米级。精准定位技术在航海、航天、航空、测绘、军事、自然灾害预防等领域，在人员搜寻、位置查找、车辆导航与线路规划等多种场景中都有着广泛应用。

在输变电工程现场建设中，通过部署定位感知设备，发挥不同定位技术优势，实现对施工人员、机械的动态感知和数据采集。主要包括了：北斗定位技术、移动基站定位、UWB 定位、RFID、蓝牙定位等。

精准定位技术在工程现场可用于：

（1）精准定位，掌握对象位置信息。利用精准定位技术，可以对具体人员在工程现场内的位置进行确定，对人员、车辆的轨迹进行追踪，还可以实时统计不同作业区内的人员数量。

（2）防止人、机碰撞，降低施工风险。例如大型运输车辆、吊车等机械操作过程中，由于操作人员存在视觉盲区，容易对周边施工人员造成伤害。

在换流阀安装过程中，在阀厅专用升降平台上安装防碰撞装置，如图 1-5 所示，可以使升降平台与设备、线路、人员或其他障碍物发生碰撞前，发出声光报警。

图 1-5 基于精准定位的防碰撞

1.4.5 GIS 技术（地理信息系统）

GIS（地理信息系统）是近些年发展起来的一门空间信息分析技术，也是多种学科交叉的产物。GIS 以地理空间为基础，采用地理模型及相关分析方法，实时提供多种空间与对象的动态地理信息，为地理研究和业务决策提供服务。GIS 技术在市政、交通、基础设施、农林业、灾害预警等领域都有广泛应用。

在电网工程现场建设中，以地理信息为背景，将三维可视化技术、定位技术相结合，可以为管理人员提供更加丰富的信息，从而在现场勘测、方案优化方面提高工作效率。

GIS 技术在工程现场可用于：

（1）遥测感知，减少人力成本。例如在电网规划阶段，完全采用人员现场勘测的方式，在很多地形复杂的地区都不利于工作。通过以 GIS 数据为基础的电网规划辅助设计系统，开展路径规划，将区域内各种地形地面附属物等信息直观呈现出来，为决策人员提供方便，实现科学的规划设计。

（2）信息数据交互，施工高效管理。例如 GIS 技术与三维技术相结合，在三维场景上进行施工方案推演，对于跨越施工。逆电作业都有很多帮助。在工程大件设备运输时，也可提前依据地理信息对运输方案进行策划。

1.4.6 虚拟现实技术

VR（虚拟现实）技术，主要是指综合利用计算机图形系统和各种接口设备，在计算机上生成可交互的三维环境，为使用者提供沉浸感的技术。VR关键技术主要包括动态环境建模技术、实时三维图形生成技术、立体显示和传感器技术、系统集成技术等，在房地产、旅游、数字基建等领域和行业具有广泛应用。

在电网工程现场建设中，应用虚拟现实技术，开展电网工程建设过程中的岗前安全培训、施工事故演练模拟、施工风险体验、安全知识考核等虚拟现实场景的训练，通过沉浸式交互体验，提升施工作业人员的熟练程度。

虚拟现实技术工程现场可用于：

（1）沉浸式交底培训。例如建立沉浸式 CAVE 虚拟现实系统，将高分辨率立体显示技术、多通道视景同步技术、三维图形技术、传感器技术等融合起来，沉浸感强，交互性好，进一步加强施工前交底效果，如图 1-6 所示。

（2）交互体验式培训和考核。例如利用三维扫描仪和三维场景编辑器，对安全质量培训进行建模，建立安全教育警示体验案例。通过系统可以实现培训模式和考核模式，可分别进行培训和考核，如图 1-7 所示。

图1-6 沉浸式交底培训

图1-7 交互体验式培训

1.4.7 物联网安全防护技术

网络安全技术，是指为保障网络系统硬件、软件、数据及其服务的安全而采取的技术措施。物联网安全防护主要包括用于防范网络渗透、防止对网络资源非授权使用的相关技术，保护网络安全互联和数据安全交换的技术，监控和管理网络运行状态和运行过程安全的技术，以及涉及系统脆弱性检测、安全态势感知、数据分析过滤、攻击检测与报警、审计与追踪、网络取证、决策响应等技术。随着社会经济发展，网络已经成为各行各业密不可分的重要数据传输媒介，"没有网络安全就没有国家安全"，保障网络安全已经上升到国家战略。

在输变电工程现场建设中，网络基础设施比较薄弱，基建人员网络安全意识不强，工程现场往往是管理信息大区的薄弱环节。通过物联网安全防护技术保障工程现场终端、网络和数据安全，也是电网基建安全管理的一项重要内容。

物联网安全防护技术在工程现场可用于：设备认证、安全通信。

（1）设备认证，确保终端本体安全。例如工程现场三级及以上作业过程中，遵循统一视频接入安全防护方案，将统一标准和设备认证过的移动布控球接入视频监控平台，安全实现一发多收、设备状态在线监测、设备远程控制，满足工程现场三级及以上作业风险安全监控。

（2）安全通信，确保网络通信安全。例如工程现场感知层设备及边缘物联代理，通过统一物联管理平台交互协议规范，以遥测传输协议（MQTT）方式与平台进行交互，一方面确保工程现场数据的及时传输，另一方面确保数据在网络环境中具有可使用性、保密性及完整性。

1.4.8　音视频技术

音视频技术，这里是指利用音频技术和视频技术进行远程实时通信的技术手段。音视频的主要处理过程包括采集、预处理、编码、解码、渲染与展示、封装/解封等流程。随着移动互联网发展已催使音视频设备"上云"，同时近几年受到疫情影响，企业快速进行音视频系统建设，尤其是在远程办公、视频会议等领域已经成为了企业的"必选项"。

目前，音视频技术在远程视频会商、视频面试、居家办公等场景中广泛应用，大大提高了办公的便捷性。随着我国 4G、5G 网络的大面积部署，视频会商等需求不再局限于内网或专网，而是向着互联网移动终端逐渐考虑，应用场景愈来愈灵活、多样。

音视频技术在工程现场可用于：项目管控、实时指挥和工程调试。

1. 项目管控

在施工项目部配置简易视频会议系统，如图 1-8 所示，总部每日或每周定期听取各个项目部的进度汇报，项目部负责人可通过会议系统向总部领导汇报文字材料，展示 PPT，极大提高管理效率。

图 1-8　公司本部与特高压现场业主项目部召开周例会

2. 实时指挥

在原有内、外网视频会议的基础上，整合特高压施工现场视频监控系统，将现场的固定摄像机和手持移动终端、行为记录仪等图像音频通过互联网接入到总部视频会议室，再通过视音频融合手段将其接入内、外网视频会议系统，实现对现场的远程实时指挥及图像控制，并将现场音视频信号通过会议系统实时传送给各分会场同步观看。相关领导可分屏浏览不同工程现场或同一工程现场不同施工作业点，对关键作业面执行远程指挥对讲，通过级联模式接入基建施工现场视频图像，实现视频图像阅览功能。

3. 工程调试

例如在换流站系统调试等输变电工程建设的关键环节，充分运用便携音视频设备，通过将前端施工现场调试人员的佩戴式或手持式视讯终端设备接入视频监控系统，如图 1-9 和图 1-10 所示，再将视频监控系统与总部管理平台进行视音频融合，就可在总部连线特高压输变电工程现场，如图 1-11 所示，满足远程检查现场情况的需求，常态化实现建设管理线上统筹协调。

图 1-9　远程调试指挥

图 1-10　智能头盔和行为记录仪

图1-11 现场公网视频监控与内网视频会议相融合

1.4.9 移动应用技术

移动应用技术,是借助移动互联网终端(如手机、平板等)实现传统的互联网应用或服务。当前,智能终端和物联网、云计算、大数据等技术运用加速推进信息技术和通信技术的融合，促进移动应用技术高速发展。

随着个人终端设备的普及，移动应用技术已经广泛渗透到各行各业。基建工程现场利用移动应用技术，通过数字化手段为现场减负增效。

移动应用技术在工程现场可用于：e基建、实测实量。

1. e基建

e基建，实现人员管理。在e基建中利用移动应用技术，按照相应权限核实进场人员基本信息，现场人员基于人脸识别、定位等功能进行考勤打卡，完成风险履职，实现对各类作业人员全方位、全过程的监督管理。

2. 实测实量

实测实量，辅助提高施工质量。例如利用智能工器具实现对截面尺寸偏差等进行测量，节约大量人力、物力和时间成本，提高效率和准确度。实现测量数据的无线回传和存储，加强数据统计分析，提高决策科学化程度，如图1-12所示。

图1-12 人员管理和实测实量

1.4.10 区块链技术

区块链是随着比特币等数字加密货币的日益普及而逐渐兴起的一种全新的去中心化基础架构与分布式计算范式。区块链技术具有去中心化、时序数据、集体维护、可编程和安全可信等特点，特别适合构建可编程的货币系统、金融系统乃至宏观社会系统。目前区块链技术已经引起政府部门、金融机构、科技企业和资本市场的高度重视与广泛关注。

区块链技术的去中心化特性是一种可以应用于能源互联网中分布式电能就地消纳的解决方案。目前对能源区块链的应用还处于验证阶段。

区块链技术在工程现场等可用于：基建工程领域结算（分部结算）、分布式电力交易。

1. 基建工程领域结算（分部结算）

例如针对基建工程设计变更现场签证和分部结算管理中的实际问题，提出以区块链技术为底层信息基础设施，构建数据可信、多方共识、不可篡改、去中心化存储的信息化数字管控。建立基于区块链的数字身份和签章，开放内部和外部相关操作人员账户并通过区块链加密生成唯一可信数字身份，对应电子签章使用规范。实现基于区块链的设计变更和现场签证数字化管理流程，对于过程中产生的所有单据存储于区块链，实现信息可追溯及不可篡改。建立基于可信设计变更和现场签证的分部结算数字化流程，保证分部结算按照规定时间完成。

2. 分布式电力交易

区块链技术能够应用于分布式发电市场化交易的市场准入、交易结算、安全校核等关键环节，根据预定义规则编写智能合约，保证交易自动化执行，通过连接本地的能源生产者与消费者，可以减少能源长距离传输需求，消除中心化模型的固有缺陷，有效促进经济社会运行效率的提升。

第2章
数字化支撑"六精"管理

在特高压输变电工程安全、质量、进度、技术、技术经济与队伍等专业管理中，智能化、数字化的作用越来越显著。相比于传统的管理方式，智能化能够有效地减少人力、物力的投入，更加准确、及时、客观地反映问题、统计信息。同时，随着图像识别、精准定位、边缘计算、三维数字化等技术在基建领域的突破性应用，一些传统的管理方式也在不断迭代和快速更新，智能化正在以全新的姿态、蓬勃的活力支撑电网基建"六精"管理。换流站室内阀厅如图 2-1 所示。

图 2-1　换流站室内阀厅

2.1 数字化支撑安全管理

2.1.1 管理模式

特高压输变电工程安全管理工作,应贯彻"安全第一、预防为主、综合治理"的方针,坚持"人民至上、生命至上",坚持"三管三必须",牢固树立"四个安全"治理理念,统筹发展和安全,深入贯彻"四个革命、一个合作"能源安全新战略,确保工程建设八个"不发生",建设稳定安全可靠的特高压输变电工程,服务以新能源为主体的新型电力系统建设。

国家电网公司特高压输变电工程建设按照总部统筹协调、专业公司负责、省公司协同,项目部具体负责现场建设或相关业务过程管控的管理模式。特高压输变电工程安全管理组织机构由国网特高压部、建设管理单位和现场项目部三个层级组成,建设管理单位负责组建工程安委会,依托工程安委会建立健全安全生产保障体系和监督体系,保证工程施工安全。安全工作数字化建设与应用的立足点,围绕现场施工安全推进先进技术研究、推广应用,推动技术装备升级、数字化应用降低施工风险,提高本质安全水平。

2.1.2 数字化创新

(1)建设安全视频监控平台,对工程现场各类作业进行远程安全监督管控,实现对作业现场和作业过程的全覆盖,推进安全管控数字化、信息化。强化风险视频值班监控,对施工现场风险作业计划执行、管控措施落实、人员到岗到位等情况进行实时、可视化管理,促进安全作业线下管理与线上数字化平台相融合，确保风险精益管控。

（2）加大作业现场机械替代、人工智能等新技术应用，从生产技术、施工工序、作业组织等前端降低作业人身安全风险。进一步采用人工智能、边缘计算、大数据等前沿技术，推动机具智能终端、智能监测、人员智能穿戴等人身防护终端应用，强化作业现场管理，持续为安全管理工作赋智、赋能。

（3）利用计算机视觉、机器学习、图像识别等 AI 智能识别技术，推进违章智能识别技术落地，及时发现现场违章和不安全现象，深挖各类不安全现象背后的管理原因，找出责任落实"盲点"、专业管理"痛点"，加大通报曝光力度和严重违章惩处力度。

2.1.3 典型场景应用

1. 安全视频监控平台

（1）应用安全视频监控平台，如图 2-2 所示，加强重要设备、重大风险、关键工序的监控，推进全覆盖、全时段、全过程安全管控，落实各级安全责任。将作业计划、关键人员、风险信息、作业票、站班会等信息进行优化组合，有效推进安全管理信息化、数字化，落实"四个管住"要求，实现作业风险精益管控。

图 2-2 安全视频监控平台

（2）安全视频监控平台利用大屏对施工现场分布、施工现场视频、违章行为统计及违章动态、风险、作业票、站班会、作业计划等关键信息进行展示，覆盖工程现场施工行为、违章行为、工程管理等核心业务。

（3）以电子地图为切入点，点击安全视频监控平台首页电子地图中某个站的图标，以对话栏窗口形式展示当前站安全生产天数及天气信息，并列出人员、计划、风险、作业票、应急管理，形成网状功能菜单。

（4）点击计划模块即可查看周施工计划及日报数据。

（5）点击人员模块即可查看当前站考勤数据、到场人员、关键人员、分包人员数量、违章图片信息、违章数量。

（6）点击风险模块即可跳转视频监控功能，显示风险视频及对应的风险作业信息，点击作业票模块即可查看作业票列表、站班会等详情。

（7）通过《公共安全视频监控联网系统信息传输、交换、控制技术要求》（GB/T 28181—2016）中的协议与安全视频监控平台建立连接，实现特高压输变电工程现场各站三级及以上风险作业监控点视频与上级平台共享并实时查看。

2. 人员智能穿戴应用

人员智能穿戴应用指通过人员穿戴智能手环、智能安全帽、智能安全带等设备，可以实时监测作业人员健康指标、位置信息及防护设施安全性能等信息，减少人身健康安全风险，如图 2-3 所示。

（1）智能手环。在高空作业时，作业人员应佩戴智能手环，采集心率、体温、血压等信息；当心率、体温、血压等异常情况持续出现超过警戒标准时，自动发送警报，减少风险意外发生，为作业中的施工人员提供安全保障。

（2）智能安全帽。在施工作业时，施工人员应佩戴智能安全帽，采集 GPS 数据，以便信息中心实时监控现场工作人员位置；通过智能安全帽，实现人员姿态智能感应（脱帽、倒地），SOS一键求救、语音广播与通知，当异常状态出现时，可以将状态信息传给信息中心，以便信息中心通知周围的工作人员实施营救。

（3）智能安全带。在高空作业时，施工人员应佩戴智能安全带，当安全带、自锁器未正确锁死时或未正确使用时发出警报，及时提醒作业人员及安全员；智能安全挂钩，应装有控制器，具备呼叫按键，非特殊情况，安全绳处于"锁死"状态。

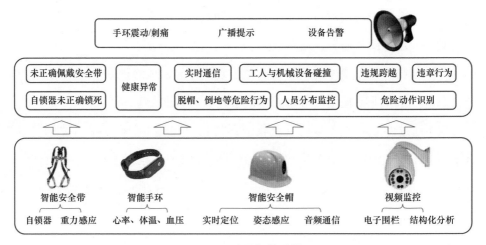

图 2-3　人员智能防护

3. 机具智能终端应用

通过应用传感器、测量装置、视频监控等设备，对施工机具状态进行识别、监测，提高施工机具安全管控水平，减少施工机具误操作、打击伤害。

（1）起重设备在线监测。起重设备在线监测指通过对起重设备加装前视、后视、装载监测设备及北斗/GPS定位装置等，实现起重设备实时监管、数据无线上传及记录，如图2-4所示。起重设备在线监测包括监控其周边障碍物、人员，防止碰撞；监控吊钩承载重量，防止超载；在吊臂、车头、尾部等地方加装摄像头，利用实时视频解决操作人员、监管人员的视角盲区，第一时间发现安全隐患；通过语音对讲，实时传达操作指令；加装数据黑匣子，记录安全状况分析、定位等数据，便于事后分析。通过加装监测及定位设备，实时起重设备承载重量、转弯半径及对电距离等数据，及时采取相应措施，防止超载、碰撞及触电等风险。

图 2-4 吊车监测

（2）抱杆状态监测。抱杆状态监测指在落地抱杆上安装无线拉力传感器、无线力矩传感器、传感无线基站，以遥测、遥调、无线数字通信、传感器测量技术为一体，通过无线数字通信技术组建无线测量网络，对吊装施工过程中主要受力点受力状况、抱杆姿态（倾斜角度及倾斜方向、竖直角、回转体旋转方向及角度）、不平衡力矩、作业环境风速、卷扬设备工作状态实现动态监测落地抱杆在线监测装置；在起重机吊装危险区域四周设置红外线传感器和视频监控实现起重吊装危险区域实时监测。通过加装各类测量传感器，利用抱杆状态监测及集中控制系统，实现作业过程中各部受力等参量数字显示、状态可视、实时监测、预警、自动停止等实时管控，降低抱杆作业风险。抱杆状态监测如图 2-5 所示。

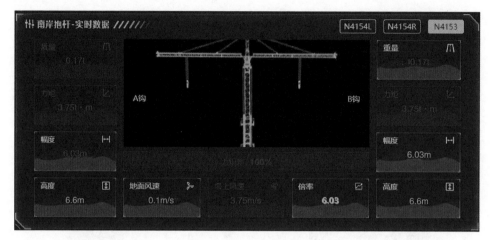

图 2-5 抱杆状态监测

（3）牵张机、走板等机具状态监测。牵张机、走板等机具状态监测指在现场安装牵引力及张力传感器、走板受力传感器、弧垂自动测量装置、视频监控设备及附属设备，在架线施工过程中，实现对走板位置、导线受力情况的实时监控，对走板及时调整，确保张力放线过程安全有序；在两基跨越塔、放线滑车处安装摄像头，对张力放线过程中弧垂大小、走板位置、放线滑车受力情况、走板经过滑车时导线是否跳槽、走板过滑车时速度等进行可视化管理。通过张力放线智能监测、集中控制，对走板位置、放线过程弧度、放线滑车受力情况、牵张机受力等实时管控，确保架线阶段施工安全，加强对施工全过程的有效管理，如图 2-6 所示。

4. VR 虚拟仿真应用

VR 虚拟仿真应用包含 VR 三维仿真、实操体验、模拟危险、事故分析和仿真培训等五部分，如图 2-7 所示。

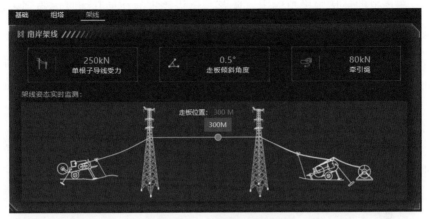

图 2-6 走板实时状态监测

图 2-7 VR 虚拟仿真

（1）VR 三维仿真。VR 三维仿真指通过 VR 三维仿真技术，以三维可视化、多媒体、视频动画等手段，结合 VR 交互设备，在虚拟场景中对施工及管理人员进行沉浸式仿真安全事故防范培训。

（2）实操体验。实操体验指借助 VR 技术，里面含有多个典型电力实操场景，可以让作业人员还原攀爬电力塔、电线杆等危险作业的场景。

（3）模拟危险。模拟危险指利用 VR 模拟危险场景，让受训人员戴上头盔、耳麦，在虚拟的环境中模拟触电、坠落、倒塌等事故，使其切身体验到视觉、心理冲击，帮助受训人员提高现实中解决危机的能力。

（4）事故分析。事故分析指利用 VR 的视觉技术，让培训与受训人员大胆地在虚拟环境中尝试各种演练方案，分析各种可能的事故，实现作业引导分析。

（5）仿真培训。仿真培训能够达到实训效果，全面培养和提高施工管理人员的技术水平和业务能力，同时解决了配套情景培训资源与实训操作场地紧张、实训操作成本高及安全性等问题。

5. 违章智能识别

违章智能识别指利用计算机视觉、机器学习、图像识别等 AI 智能识别技术，通过工程现场布置智能设备，实现重点违章行为的智能识别并进行预警，如图 2-8 所示。违章智能识别类型有：未戴安全帽、未正确着装、人员聚集、未佩戴安全带、未设置防脱钩、现场明火、现场明烟、未设置防护栏、吸烟行为等，目前国网特高压公司直管工程累计抓取违章 3000 余次。当识别出违规场景后，自动截图并保存，生成数据报表，推送到监控中心，及时告警纠偏，预防事故发生，保障人身安全。

图 2-8　违章智能识别系统抓拍

2.2　数字化支撑质量管理

2.2.1　管理模式

特高压输变电工程建设质量实施全过程管控，在设计、设备、现场建设等环节，通过强化质量策划、过程控制、质量验收等管控，确保实现工程质量目标，持续提升质量工艺水平。

特高压输变电工程建设质量管理按照国家电网公司总部统筹协调、专业公司技术支撑、建设管理单位负责建设管理并组建业主项目部现场组织工程建设，工程参建单位（工程勘察、设计、施工、监理、调试、物资供应单位、检测试验机构等）通过采购确定，依据国家有关法律法规和合同履行质量职责的管理模式。

特高压直流设备监造由国网物资部归口管理，国网特高压部牵头领导，国网特高压公司负责组织，并委托监造单位具体实施的管理模式。

2.2.2　数字化创新

通过持之以恒地探索和实践，目前，特高压输变电工程已形成较完善的数字化质量管控手段。

（1）强化了质量策划。通过数字化平台，各参建单位展示《建设管理纲要》《项目管理实施规划》《监理规划》等工程质量管理专题策划内容，督促严格实施。

（2）强化了质量过程控制。通过数字化创新，提升了工程"工厂化安装、标准化作业和智能化监控"水平；通过实施质量关键环节视频管控，开展施工关键环节智能监控，提升了质量关键环节管控。

（3）强化了质量验收。通过数字化手段，严格落实质量验收责任，严格履行质量验收程序，严把施工工序交接和生产移交质量关。

（4）提升了特高压直流设备监造水平。通过数字化手段，提升对组部件和原材料的入厂见证、工艺过程现场见证、试验见证等关键环节质量控制。

2.2.3 典型场景应用

1. 智慧监造管控

智慧监造管控的功能是实时监控各工程设备生产及监造状态，提升设备监造质量管控效果，实现设备、监造单位、制造商等各项信息的线上化、实时化、可视化，助力提高监造管理工作效率。

智慧监造管控功能包含自动生成设备监造采购、设计评审、监造准备、监造管控、监造总结、信息报表；全过程分析及优化典型案例分析总结、智能工期状态预警、供应商及监造单位评价，打破数据壁垒，改变"碎片化"数据、"记录式"监造、"泛经验化"问题分析等旧有格局。

2. 质量过程管控

质量过程管控包括质量工艺核查和质量照片管理。

（1）质量工艺核查。质量工艺核查指建立工程施工工艺亮点库（文字描述及示例照片等），实现过程照片与工艺库关联，自动实现过程工艺质量与标准工艺的对比核查。

（2）质量照片管理.。质量照片管理指通过无人机巡查拍照、移动 App 拍摄现场质量照片，智能实现过程质量照片的收集、分类和留存。

3. 关键作业智能监测

关键作业智能监测包含基坑监测、边坡监测、混凝土测温监测和油浸设备安装在线监测。

（1）基坑监测。基坑监测指基坑开挖过程中，随着开挖区状态变化，基坑支护结构承受荷载及坑内土体、基坑支护结构及周围土体侧向位移和沉降将发生变化，如内力和变形量超过阈值，将导致基坑失稳甚至破坏。应用基坑监测系统，可以保证基坑开挖过程安全。

在基坑开挖的关键点设置监测传感器，监测表面位移、深部位移、地下水、周边建筑物变形、应力应变、施工工况、支护结构、基坑底部及周围土体等内容，结合云计算、大数据等技术在线监测提供不间断数据，数据通过云网关内置的无线传输模块，上传到云平台的控制中心；云平台能够提供实时显示、自动报警和数据储存等功能；客户通过手机或者 PC 访问服务器，获取短信报警，数据分析等相关服务。

（2）边坡监测。边坡监测指工程建设中，存在边坡滑移灾害隐患，如因建设时大力爆破、强行开挖，边坡失去支撑而未进行监测预警和及时治理，将造成人身伤亡、经济损失和社会不良影响。应用边坡监测系统，可以实时掌握边坡安全状态，保障工程建设安全。

在边坡重要控制点埋入无线传感器，运用软硬件相结合的方式，采用高精度北斗卫星定位系统（GNSS）、导轮式固定测斜仪、GNSS 主机、裂缝计等监测设备在线监测边坡位移、渗透量、裂缝等情况，一旦发现某个监控点超过阈值立即预警，以便周边人群第一时间疏散、及时加固等。

（3）混凝土温度监测。混凝土温度是工程施工养护的关键参数，温度的实时监测是工程施工时保证施工安全和减少损失的重要举措。传统方式进行混凝土温度测量，存在布线繁琐、监测点分散、各点间隔较远等问题，因而周期长、成本高，且要求测量员人工现场实地测量，导致监测效率低、误差大。采用混凝土温度监测，可以实现数据传输后台自动或人为进行温度纠偏，保障施工安全和质量。

混凝土浇筑前埋设温度传感器，通过温度传感器、无线温度采集器实时监测混凝土内外温差变化，实现连续测温、自动报警、曲线报表、无线传输等功能，保障施工安全和质量。

（4）油浸设备安装在线监测。油浸设备安装在线监测可以解决油浸主设备安装模式自动化、信息化、智能化水平较低，滤油效率低下、过程参数无法准确记录和追溯等问题。油浸设备安装在线监测实现绝缘油颗粒度、含气量、含水量三项关键指标在安装过程中的实时采集，加强绝缘油全过程质量管控，如图2-9所示；实现安装过程中对主设备内部湿度、含氧量、真空度等状态参数的全过程监测及记录，生成真空度、泄漏率、热油循环油温等关键工艺曲线；应用全自动滤油系统，实现滤油、注油期间不停机自动化作业，节约人工投入，缩短滤油时间和成本。

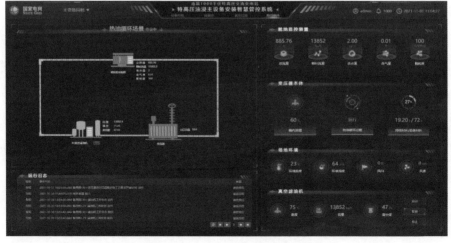

图2-9　油浸设备安装在线监测

完善油浸设备安装阶段感知层建设,通过配置传感器,实现绝缘油过滤、设备内检、抽真空、真空注油、热油循环五项工序关键数据的在线监测、全过程记录来实现。通过 PLC 控制气动阀门和滤油机实现了卸油、滤油、注油自动控制,准确判断绝缘油过滤进程。开发具备 Web 远程访问功能的站端监控后台,实现系统的站内组网和远程访问。

(5)抽真空作业智能监测。抽真空作业智能监测指采用智能真空机,实时上传真空值、抽真空时长等参数,可实现远程查看,如出现异常可报警;该项监测支持设置真空值、抽真空时长等参数,根据参数设置能完成密封试验、抽真空时长。另外在真空机与设备连接口设置传感器可感知设备变形情况,并自动形成抽真空记录。

(6)视频监控。视频监控指实现安装全过程远程监控、关键指标信息全自动采集。

设置视频监控(固定球机、移动球机)对安装过程实时监控,实现安装全过程远程监控、关键指标信息全自动采集,监控数据接入管控平台。如:特高压 GIS 现场安装监控。

(7)主设备质量全过程智慧管控。主设备质量全过程智慧管控的功能是提高设备管理的自动化水平,消除业务壁垒,实现主设备在生产、运输、安装、试验、调试等全生命周期的信息化管理,实现设备与数据资产集中管理、数据资源的充分共享,为业主、设计、厂家等提供三维数据管理、三维可视化协同信息及设备出厂、运输、验收、安装各节点信息,便于开展质量预警分析,提供主设备安装全过程的监控,如图 2-10 所示。

主设备质量全过程智慧管控系统以移动 App 作为信息传递接收工具,以二维码、RFID 及 GPS 定位技术,通过收集上传全链条质量信息,实现主设备及关键组部件的生产制造、现场安装、试验调试全过程质量环节管控,满足质量控制要点全过程追溯要求,对各环节发生的风险因素提出智慧预警,为主设备现场安装管理提供决策支持,如图 2-11 所示。

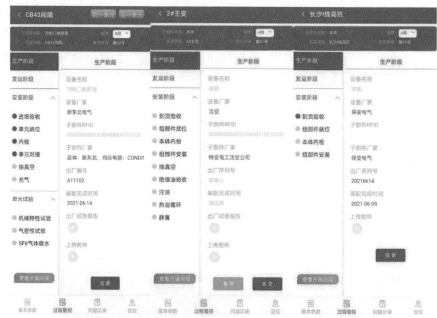

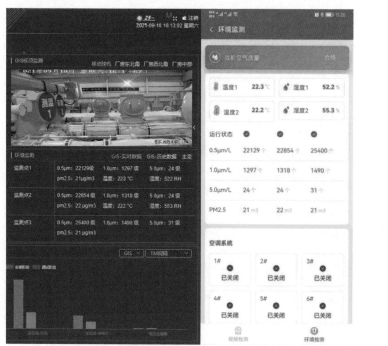

图 2-10　主设备质量全过程智慧管控（一）

图 2-11　主设备质量全过程智慧管控（二）

4. 智能化实测实量及验收

智能化实测实量及验收的作用是在工程质量验收过程中，利用智能化实测实量设备完成数据采集，实时获取、实时上传真实记录信息，为工程质量达标提供保障。

智能化实测实量及验收使用的仪器包括：实时动态测量技术（real time kinematic，RTK）定位测量仪、数显卷尺、蓝牙游标卡尺、数字化螺栓紧固力力矩扳手、孔底沉渣厚度检测仪、空气流量检测仪、绝缘子数字化超声波探伤仪和无人机、地面激光质量校验。大型基础表面平整度测量如图 2-12 所示。

（1）RTK 定位测量仪。RTK 定位测量仪的功能是实现电力线勘测、线路逐点放样、线路施工放样、塔基放样等测量，满足线路施工需求。

（2）数显卷尺。数显卷尺的功能是可远距离测量立柱断面尺寸等数据，结果显示在显示屏上。自动上传形成记录，并与设计值自动对比。

图 2-12　大型基础表面平整度测量

（3）蓝牙游标卡尺。蓝牙游标卡尺的功能是通过金属辅助滚轮测量数据并百分位数字显示，可对钢筋规格等数据进行采集，数据自动上传形成记录，并与设计值自动对比。

（4）数字化螺栓紧固力矩扳手。数字化螺栓紧固力矩扳手的功能是检查螺栓紧固力矩，不同的智能力矩扳手适用于不同材质螺栓，同时力矩扳手可识别螺栓，检测出力矩后自动判断该螺栓紧固力矩值是否满足要求，并实时编号自动将位置、操作人员、紧固力矩等信息录入并上传至后台。

（5）孔底沉渣厚度检测仪。孔底沉渣厚度检测仪的功能是沉渣探头下放到孔槽底时，电机自动停止下放探头，主机读取探头状态，当探头倾斜超过一定范围时提示调整探头位置直至探头近似直立；主机控制探针缓慢伸出，同时测定探针压力和伸出长度，当压力大于一定值时停止，此时探针伸出长度即为当前位置沉渣厚度，适用于所有孔槽的沉渣厚度检测；探头内置倾角传感器，可将监测数据接入智慧工地平台，以可视化的方式显示深度-压力曲线和倾角值。

（6）空气流量检测仪。空气流量检测仪的功能是在抽真空过程中，采用气流分析仪可随时检测进入本体的气流，随之判定细微泄漏部位，如有异常实时上传泄漏部位照片并向管理人员报警。

（7）绝缘子数字化超声波探伤仪。绝缘子数字化超声波探伤仪的功能是可对站内所有绝缘子进行探测，并实时上传后台，如有异常情况报警并反馈至后台形成记录。

（8）无人机、地面激光质量校验。无人机、地面激光质量校验的功能是利用无人机拍摄、地面激光扫描成像等手段采集工程重点区域实体数据，生成可视化图像，将数值与设计参数进行对比，监测施工质量偏差。

2.3 数字化支撑进度管理

2.3.1 管理模式

特高压输变电工程进度管理坚持稳中求进的总体原则，以里程碑计划作为整体工程的进度计划统领，以一级网络计划作为各单项工程的总体进度控制尺度，以二级网络计划作为现场建设进度管控的抓手，统筹设计、物资和现场施工等各方面工作，精心策划、科学安排，有序推进工程建设各项工作。

属地公司负责政策协调工作，积极与政府及设计单位沟通，了解相关政策原则，提前介入避免因政策处理产生的误工；施工单位根据二级网络进度计划组织各种资源投入，确保施工力量满足现场需求；监理单位委派专人加大力度监督指导工程其他各参建单位并及时收集进度管理信息，掌握计划执行情况，确保进度计划节点目标的实现；业主项目部实时了解现场建设进展，及时调整纠正进度偏差，并密切关注各参建单位的资源投入，确保工程进度计划的刚性执行；重点、难点工作应采取"日报告、周协调、月点评"机制，做到进度管理有计划、有执行、有总结，确保里程碑计划节点顺利实现。

2.3.2　数字化创新

自晋东南—南阳—荆门特高压交流试验示范工程开始，特高压工程建设者一直在探索和研发数字化进度管控手段，目前已形成完备的进度管控模块，依托信息系统对现场进度管控进行数字化辅助。

（1）实现了进度数据的实时报审，数据报送和审核单位只需登录信息系统即可简单操作完成进度报审工作。

（2）实现了进度数据的快速上传，避免了报送数据表格的复杂程序，简化了工作流程，提高了工作效率。

（3）实现了进度数据的实时共享，各单位人员只需登录信息系统即可导出可靠的进度数据，避免了进度数据在管理人员之间传递的低效工作。

（4）实现了进度数据的自动分析，通过进度数据给出辅助决策信息，提升了决策的针对性和有效性。

2.3.3　典型场景应用

特高压输变电工程建设已历经十余载，其间，数字化管控方法为现场建设者们提供了一套切实有效的进度管控手段，较好地辅助了现场进度管控工作。

1. 工程项目全流程辅助管理

工程项目全流程辅助管理指对工程项目全过程进行分析研判，将工程项目建设周期分为项目前期、工程前期、工程建设、工程后期四个阶段，明确每个阶段的重要管理任务，细化各项管理任务的管理流程和工作要点，在每项管理任务开展前对相关责任人进行通知，辅助建设管理者开展工程项目全流程标准化管理，如图 2-13 所示（见文后插页）。

2. 进度计划管理

进度计划管理指工程开工前，业主项目部组织监理项目部录入里程碑计划和一级网络计划，施工项目部录入二级网络计划、施工图出图计划、物资供应计划；业主项目部对里程碑计划和一级网络计划的录入情况进行审核，监理项目部对二级网络计划、施工图出图计划、物资供应计划的录入情况进行审核；现场建设者们可根据现场建设进度与填报的各项计划实时进行比对，如图 2-14 所示。

图 2-14　进度计划填报

3. 进度信息管理

（1）合规性文件办理情况填报。合规性文件办理情况填报指各责任单位可通过系统及时上传质量监督注册、安全报备、建设用地批准书、建设用地规划许可证、建设工程规划许可证、施工许可证、消防设计审核意见书、消防验收合格意见书、大跨越涉水、大跨越涉航手续办理进展情况，现场建设者们可实时查询合规性文件办理进度，如图 2—15 所示。

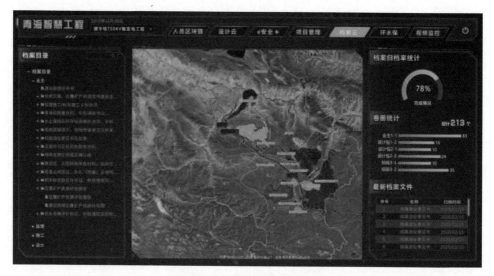

图 2—15　合规性文件办理

（2）进度信息填报。进度信息填报指施工项目部按要求及时填报施工进度、图纸到场进度、物资到货进度等进度信息，如图 2—16 所示；监理项目部负责对进度信息填报的真实性和正确性进行审核；业主项目部督促施工、监理项目部完成进度信息填报，并对信息数据进行审定。

（3）实时进度查看。实时进度查看指工程现场各个关键部位均设置了高清摄像设备，实现了全覆盖、全时段、全过程的进度实时监测，现场建设者们可实时查看现场施工进度，如图 2—17 所示。

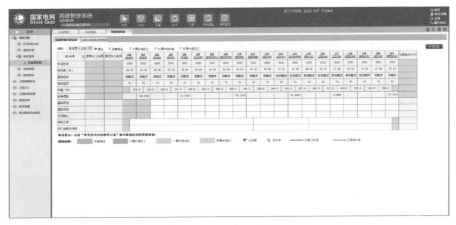

图 2-16　进度信息填报

图 2-17　进度实时监测

（4）进度信息查询。进度信息查询指现场建设进度可实时进行查询，根据相关进度信息可对现场施工进展、图纸出图情况、甲供、重要乙供物资的供应状态进行管理、统计，对出现延迟的进度及时预警，如图2-18所示。

图 2-18 进度信息查询

4. 施工进度模拟

融合建筑信息模型（BIM）技术、地理信息技术、卫星遥感技术、航空摄影测量技术及互联网开发技术，利用三维可视化引擎构建工程三维数字模型，实现大范围场景快速浏览，从宏观到局部的地形地貌查看；结合三维地形、设备模型，实现工程不同施工工序、施工状态的三维仿真，直观模拟工程建设效果，并可进行历史回溯，如图2-19所示。

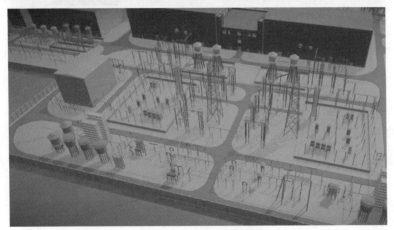

图 2-19 施工进度模拟

5. 进度偏差分析

进度偏差分析指跟踪不同区域的施工进展,通过对计划进度和实际进度进行比对,自动分析发现进度偏差,预警关键路径变化情况,并将偏差预警信息推送至管理人员,量化对工程进度的影响程度,加强把控现场施工进度风险,如图 2-20 所示。

进度偏差分析针对关键工序(例如变电站主设备安装、线路大跨越基础、组塔、架线等),设定资源配置标准值,通过实际剩余工作量、实际资源投入、外部条件(物资到货、协议办理、天气等)受阻等情况,分析当前工效是否满足要求，提出资源偏差预警及措施。

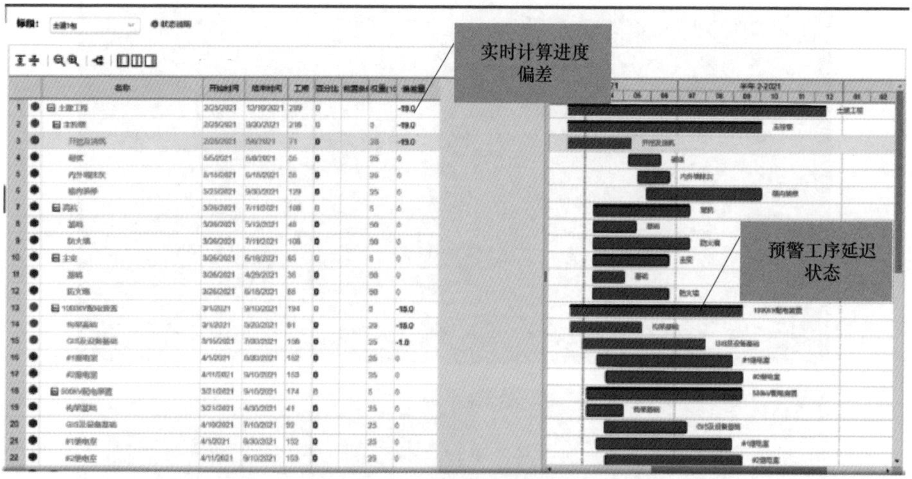

图2-20 进度偏差预警

业主项目部可以根据系统对进度偏差的分析情况，查摆影响工程整体进度的关键因素，组织各单位研究提出进度纠偏的具体措施和决策，监理项目部监督施工单位组织执行进度纠偏措施，如进度受阻确需调整进度计划时，按要求进行进度计划调整。

2.4　数字化支撑技术经济与财务管理

2.4.1　管理模式

特高压输变电工程的技术经济管理工作，以"合理造价、合理依据、精准高效"控制为基本原则，定位于服从依法合规、服务工程建设，以"规范化引领、专业化提升、标准化建设、精益化管控、数字化支撑"为发展理念。合理准确的工程造价，是项目顺利核准、成本精准核算、电价精准核定的必要条件；是落实建设资源，安全、优质、高效推进工程建设的重要前提；做好全过程造价管控，合理确定工程造价，是实现工程全寿命周期效益最优和公司整体利益最大化的必要条件。技术经济工作数字化建设与应用的立足点，是着力提高两级管控协同效率，提升技术经济工作质量；着力实现技术经济与财务、技术的专业融合，实现网上电网系统、ERP 系统、经法系统等的数据贯通。

在技术经济管理的同时，协同做好工程财务管理工作。以 ERP 系统为主要平台，财务信息向业务部门开放共享，统一业务及数据标准，推进工程概算、预算、核算、结算及决算管理标准化、一体化和信息化，促进工程全过程价值流、数据流、业务流三流合一；在财务管控中，做到事前预测、事中控制、事后分析作用，精准定位工程管理薄弱点，驱动形成管理提升行动，提升投入产出水平和投资管理质效，发挥财务价值管理在工程建设中的引领作用，在工程建设领域初步建立起"开放协同、智慧共享"价值生态系统。

2.4.2　数字化创新

（1）抓住设计龙头，推动三维数字化应用。在工程可研、初设阶段，提前开展三维设计工作，通过航拍、倾斜摄影、三维地质分析等勘察设计手段提前明晰影响工程造价的各类不利因素，为工程后续建设提供数据；在施工图阶段，使用三维设计可精准计算局部工程量，并通过模块化加工、智能优化来节约造价。

（2）强化过程规范管理，关键工作线上办结。开展工程款支付与变更签证管理，确保事实清晰、意见明确、资料完整；强化技术方案审查与费用审查同步开展、意见同步形成；强化落实结算用工程资料技术技术经济一致性、规范性核查要求；在信息系统中开展以上工作，可以做到流程规范、内容明确、追溯性强。

（3）细化工程核算，进一步服务好电网精准投资。在合同、成本、资金层面推动各专业深度融合，在概算、预算、结算、决算中间建立数字化的链条，促进投资安排与投资能力匹配，利用数字化手段实现资产管理的关口前移，发挥财务服务业务及价值创造能力，加强工程建设的全过程精益管理。

2.4.3 典型场景应用

1. 通过数字孪生技术预控项目造价

（1）阀厅钢结构精细化设计及工程量计算。白鹤滩二期换流站以阀厅钢结构为试点，开展三维精准建模，主材及梁柱节点均按实际尺寸精准放样，实现了钢结构有限元分析计算以及各类节点、挂点的细部模型深化设计，利用分析计算模型，打通钢结构设计、放样、统计、加工的一体化工作流程，缩短设计周期，减少人工工作量和接口差错；同时实现了一键统计钢结构工程量并用于工程结算，相比人工计算，提高了工作效率和统计结果准确性，如图2-21所示。

图2-21　阀厅钢结构数字孪生

（2）电缆工程量自动计算。特高压变电（换流）站电缆用量大，通过三维设计手段建立模型，对电缆敷设进行拟合分析，可实现全站动力电缆、控制电缆敷设模拟，减少后期结算工作量、提高计算精度，并能指导敷设施工，提升工作效率；通过电缆起终点设备编号的匹配，在三维模型中确定电缆起终点位置，并按照规则自动搜索满足规则的电缆最短路径；可强制指定电缆必须要通过的路径，进行人工干预；电缆路径的搜索支持批量处理，一次可处理多根电缆。搜索完成的电缆其路径可在三维中展示。

2. 通过 ERP 系统辅助竣工决算转资

通过 ERP 实现辅助转资可以采用不同的方式，对于特高压输变电工程来讲，由于土建、安装金额大，合同主体多，结算量大，工作分解结构（WBS）架构复杂，因此比较适宜的方式是通过资产 WBS 的全过程维护与自动费用分摊来完成。

（1）在 ERP 系统中建立资产标准架构，分配概算金额。建筑工程的 WBS 架构划分到概算表 2 层级的单位工程即可，如只划分到"主控楼"层级，不必到"主控楼—上下水"；设备和安装工程的 WBS 架构则须划分到概算表 2 最底层，即对于 WBS 架构的划分，必须落在明确的资产对象上。

渝鄂直流背靠背互联网工程北通道资产架构分配表（部分），见表 2-1。

表 2-1　　　　　　　　建筑工程 WBS 架构表

名称	WBS 编号	概算金额
±500kV 渝鄂背靠背北通道换流站工程	109933BG09	×××××××××××××
换流站建筑	109933BG09-1	×××××××××××××
主要生产工程	109933BG09-1-1	×××××××××××××
主要生产建筑	109933BG09-1-1-01	×××××××××××××
主控楼	109933BG09-1-1-01-01	×××××××××××××
辅控楼	109933BG09-1-1-01-02	×××××××××××××
柔直阀厅（2 座）	109933BG09-1-1-01-03	×××××××××××××
500kV 第一继电器小室	109933BG09-1-1-01-04	×××××××××××××

（2）在信息系统中导入各施工标包的报价基本信息表，见表 2-2。

表 2-2 施工表包报价基本信息表

序号	项目编码	项目名称	项目特性	单位	招标工程量	综合单价（补充单价）	中标合同价
一		主要生产工程（建筑工程部分）			×××	×××	×××
4	2EAD	交流屋外配电装置			×××	×××	×××
4.1	2EADA	主（联络）变压器建筑			×××	×××	×××
4.1.1	2EADAA	构支架及基础			×××	×××	×××
4.1.1.1	2EADAAA	联接变压器进线构支架及基础			×××	×××	×××
4.1.1.1.1	2EADAACJ0901	钢管构（支）架	钢管构架安装高度：A 字柱安装高度：总高度 24m	t	×××	×××	×××
4.1.1.1.2	2EADAACJ0902	联接变压器进线构架柱上避雷线柱	钢管构架安装高度：31m	t	×××	×××	×××

（3）在基建管控系统投资控制模块中导入对应施工标包的资产 WBS 架构清单，见表 2-3。

表 2-3 施工表包 WBS 架构清单

采购序列号	物料描述	所属 WBS
20050936-1	南通道恩施站安装包-联接变压器构支架及基础	109933BG01-1-1-02-01
20050936-2	南通道恩施站安装包-交流配电装置建筑	109933BG01-1-1-03
20050936-3	南通道恩施站安装包-独立避雷针	109933BG01-1-1-04
20050936-4	南通道恩施站安装包-栏栅及地坪	109933BG01-1-1-06
20050936-5	南通道恩施站安装包-站区环保隔声降噪	109933BG01-1-2-02-05
20050936-6	南通道恩施站安装包-阀本体设备及安装	109933BG01-3-1-01-01
20050936-7	南通道恩施站安装包-阀本体冷却设备	109933BG01-3-1-01-02
20050936-8	南通道恩施站安装包-联接变压器	109933BG01-3-1-02-01
20050936-9	南通道恩施站安装包-500kV 交流配电装置	109933BG01-3-1-03-01-01
20050936-10	南通道恩施站安装包-计算机监控系统	109933BG01-3-1-04-01-01

（4）通过基建管控系统用复选框加父节点的方式，建立单价承包报价项目与 WBS 架构的动态关联。在单价项目关联完成后，由系统完成总价承包报价项目对 WBS 架构的分摊，分摊的原则为：本项总价承包费用项目在每项 WBS 架构的应分摊费用＝本项总价承包费用×（本项 WBS 架构的单价承包部分所有关联费用金额）/单价承包部分合同总额。

导出的分摊表（以渝鄂直流背靠背联网工程南通道安装标包为例–部分），见表 2–4。

表 2–4 价 格 分 摊 表

采购序列号	物料描述	所属 WBS	关联价款（元）	总价分配价款（元）	初始化采购申请价款
20050936–11	南通道恩施站安装包–同步时钟	109933BG01–3–1–04–01–02	×××	×××	×××
20050936–12	南通道恩施站安装包–继电保护	109933BG01–3–1–04–02	×××	×××	×××
20050936–13	南通道恩施站安装包–直流系统及 UPS	109933BG01–3–1–04–03	×××	×××	×××

（5）初始化关联完成以后，在后续的施工建设当中，施工图工程量会因为设计完善深化而出现清单项目特征的变化，从而必须新增报价项目；将新增报价项目增加到报价表，且补充完成与 WBS 架构的关联，以确保二者对接完整。

提报成功后呈现黄色，如图 2–22 所示。

图 2–22 操作截图（一）

当新增报价项目流转到计划部环节时，审定其新增单价，并同时实现与 WBS 架构的关联。操作截图如图 2-23 所示。

图 2-23 操作截图（二）

审定单价完成后，系统弹出关联项目的可选择列表，选定后即完成关联操作。完成以后状态如图 2-24 所示，新增报价项目已转变为红色，代表施工单位新增且已完成与 WBS 架构关联。

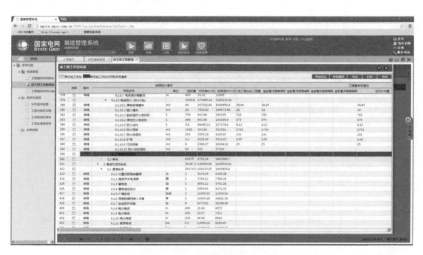

图 2-24 操作截图（三）

（6）通过基建管控系统投资控制模块上述辅助功能在渝鄂柔直工程北通道换流站的实施，实现了随着工程量的逐步核算填报，资产 WBS 的分配数值也动态变化，反映了资产形成的进度数据。操作截图如图 2-25 所示。

图 2-25 操作截图（四）

3. 通过信息系统实现"业、财"流程贯通、数据共享

（1）在项目立项阶段，同步规划计划系统项目信息，概算自动导入，基于标准成本体系，编制投资预算和资金预算，实现工程成本和资金支付过程管控；业务和财务人员能实时查询每一个项目、合同、订单执行（预算消耗）情况，如图 2-26 所示。

（2）在项目建设阶段，通过工程多维精益系统，基于 ERP 系统项目信息表、采购订单（合同）执行情况、投资预算执行等 10 张工程财务基础信息表，业务和财务人员可按照项目、合同、订单多维度查询预算、资金等发生情况，如图 2-27 所示。

（3）在投运验收阶段，系统出具"设备清册"，应用实物 ID 及移动终端等技术实现现场实物的智能盘点；设备清册与设备管理系统自动衔接，自动创建设备台账；基于合同执行情况，自动完成工程成本暂估入账；基于"四码规则"（WBS 编码、物料编码、设备分类编码、资产分类编码）实现设备购置成本自动归集，应用分摊规则将建、安、其他费用分摊至每一台设备，完成工程预转资及折旧计提。

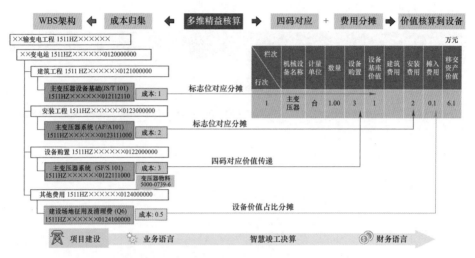

图 2-26　WBS 架构与决算工作按对象分摊

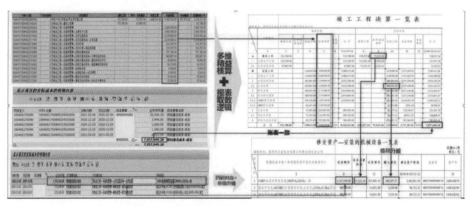

图 2-27　工程费用与竣工决算动态对应

（4）在项目结算阶段，一是物资结算标准化：加强工程物资结算及时性管控，确保财务入账数量与工程结算审定数量一致，提高物资结算效率；二是审定结算数字化：有效衔接基建全过程数字化平台（或工程造价软件），实现结算信息结构化数字化；三是成本入账报账时效管控：设定工程成本报账时效管控规则和项目关闭机制，促进投资计划、形象进度与财务支出协同匹配。同时应用区块链技术，提高结算时效性。

（5）在竣工决算阶段，通过多维精益核算和"四码规则"，实现设备购置价值的自动传递；基于 WBS 标志位和费用分摊规则，实现建安费和其他费用向设备的智能分摊，并自动归集形成最终的设备资产价值。

4. 通过信息系统规范投资过程管理

（1）合理分解投资，根据分项建设进度统计投资完成。传统的投资统计，折算金额逐级汇总上报，受人为因素影响，统计报表不便于分类查询；通过信息系统实现投资完成指标与概算、实际进度的联动，将汇总投资进度的工作转移到线上，提升投资统计精度，实现概算数据智能抓取，操作人员线上直观填报完成百分比。

（2）变更与签证线上多点分布式互动审核。传统的变更与签证审核，由启动单位发起后，形成纸质材料逐级单向流转签署审核，难以实现集中高效审核，可通过线上审核的方式，开展工作，如图 2-28 所示。

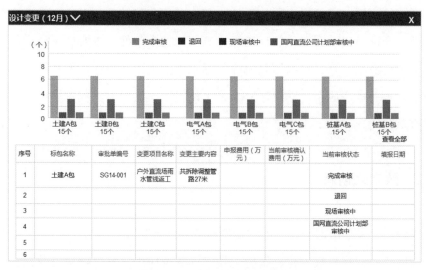

图 2-28　线上设计变更审核

（3）结算文档标准化。结算文档标准化指结算文档在工程建设过程中逐步形成，不同的工程项目，结算文档组卷可能差异较大，由于各种原因造成结算文档形成中的信息无法有效保留，也为后期工作造成麻烦。因此需要利用信息系统提供结算文档标准化目录，明确文档类型和组卷要求，便于录入、查询和统计。

2.5　数字化支撑技术管理

2.5.1　管理模式

特高压输变电工程技术管理按照"总结提炼、深化研究、示范先行"的原则，以问题为导向，以机械化、数字化、绿色化为方向，结合科研攻关和工程实践，着力解决工程建设的难点和薄弱点，支撑特高压输变电工程高质量建设。

国网特高压公司开展工程施工技术和标准化归口管理，以及电子资料数字化管理，会同建设管理单位制订工程施工招标技术条件、主要施工技术原则、新技术推广应用策划、特高压交流施工标准化推进方案。组织特高压施工标准化成果管理并推广应用，同时建立专家工作机制，实现对工程关键施工技术的全程跟踪和指导。

2.5.2　数字化创新

围绕公司发展战略目标，落实新型电力系统等建设新要求，聚焦工程现场，坚持问题导向，通过数字化、智能化技术创新及应用，着力解决当前工程建设中的突出问题，着力攻克工程建设难点和薄弱点，着力提升施工质量精益化管控水平，推动提升工程项目技术标准化管理水平。

1. 通过三维技术实现技术知识提升

三维技术实现技术知识提升指通过智能感知和数据分析统计，发现特高压知识中的技术规律，结合国家电网有限公司新技术应用要求、科研成果等，通过电子化、信息化手段推动科研成果推广应用上平台并进行三维展示；依托特高压输变电工程三维模型库，实现三维模型或者实体清单点击选择；实时推送该实体建设全过程需应用的技术标准化成果文件，及时实现特高压输变电工程知识输出。

2. 利用数字化手段提升电子资料管理实效

数字化电子资料管理是对传统电子资料管理工作的一次创新，可按照电子资料业务工作流程，能够实现对电子资料和电子资料材料收集、鉴别、整理、保管、转递、统计、查阅等日常工作的数字化管理，大大提高电子资料归档工作效率，提升电子资料工作质量和水平，实现电子资料由管理向信息研究与利用的质的转变；通过数字化流程化管理，实现特高压输变电工程纸质档案和现代化的照片、录像等电子资料归档，见证电力事业发展。

2.5.3 典型场景应用

1. 特高压输变电工程"五库一平台"

"五库一平台"指特高压工程技术标准库、科技成果库、标准工艺库、典型经验库、典型案例库及特高压技术标准化与知识管理平台（以下简称"五库一平台"）。遵循共商共建共享的建设原则，以数字化平台为载体，全面系统梳理总结特高压输变电工程技术标准体系、科技研究成果，补充完善标准工艺、工法，统一典型设计方案、招标技术规范，提炼专业管理典型经验、分析共性问题和典型案例，努力打造成特高压输变电工程技术标准化应用平台、经验传承共享平台、专业交流学习平台，提升工程项目技术管理规范化、标准化、数字化水平。目前，"五库一平台"已建设形成涉及 9 类专业、27 项工程实体、4500 余项成果文件，完成特高压技术标准化与知识管理平台 12 大功能模块设计开发，为成果应用落地见效、经验共享与技术传承、专业交流培训奠定了坚实基础。

（1）传承创新成果，为标准化建设提供全过程支撑。在国家电网有限公司和国网特高压公司已有成果的基础上，编制形成特高压专有成果文件，涵盖技术标准、管理制度、标准工艺、典型工法、编审要点、工艺管控"一表一卡"、典型经验、典型案例等成果文件，全面支撑项目标准化建设，推动成果落地见效。

（2）精准分析标准差异，明确执行意见或建议。梳理明确基建（运行）标准差异，分析标准间差异点，提出国网特高压公司层面执行意见或建议（如以往工程执行情况）。

（3）键标准条文解读，统一理解与认识。实现常用标准条文与条文说明一一对应，有利于深入了解编制背景，统一理解认识；一键网罗标准中所有强制性条文，有助于标准落地执行。

（4）主动推送成果文件，服务工程现场专业管理。根据专业选择，结合工程关键作业节点进度计划，主动推送相关专业需应用的技术标准、标准工艺、典型经验、典型案例等成果文件，提醒重点关注事项，精准服务工程管理。

（5）发布标准工艺落地措施，展示现场工艺亮点。现场应用模块发布标准工艺（一目录、一清单、一计划）、三项审查要点（施工图、重要专项施工方案、主设备厂家安装作业指导书）、工艺流程管控"一表一卡"，展示工艺样板，推进标准工艺落地见效。

（6）现跨库全文检索文件，提升平台应用效率。根据文件名称、所属专业、工程实体、关键词、发布时间等信息，能够实现跨库全文检索成果文件，提升了平台应用效率。

（7）开展技术交流与培训，营造专业探讨良好氛围。按专业工作组设置专业板块，搭设专业问题答疑解惑的交流平台；动态发布专业技术培训课件，为专业人员提供线上培训，营造技术专业探讨良好氛围。

2. 电子资料数字化管理

国网特高压公司基于渝鄂背靠背联网工程，提出了电子资料过程数字化管理的工作思路。以构建电子资料管理组织体系为基础,明确了电子资料过程数字化各单位工作职责;通过对电子资料过程数字化工作的管理策划、交流培训、过程管理、验收评价等各个环节进行分析研究,梳理电子资料过程数字化工作管理职责、流程、制度、工作标准,形成了一套完整的工作管理规范;借助合同约束,落实了过程数字化要求;以"一项规范、两个方案、一本手册、两项清单"作为工作依据,指导了电子资料过程数字化工作实施;依据过程数字化操作需求,落实了过程数字化硬件软件配置,强化了两级培训,严格持证上岗;从表格适用、数据填写和外部文件入手,管控了项目文件质量;建立过程检查机制,扎实开展过程检查,以"月度通报、季度考核、履约评价"促进过程数字化措施落地,真正实现了工程项目文件一次成优目标,提升了工程项目管理水平。

(1)构建电子资料组织体系,明确管理工作职责。按照国家电网有限公司总部、建设管理单位、现场项目部三级电子资料管理体系,建立各级项目电子资料管理机构,确保电子资料过程数字化顺利进行。国网特高压部负责项目电子资料管理的总体策划,明确电子资料过程数字化实施要求。国网特高压公司承担建管工程电子资料过程数字化的管理责任,负责组建工程电子资料工作领导小组、工作组;确定工程电子资料数字化工作管理模式;负责在施工、监理合同中落实工程电子资料过程数字化要求;制定工程电子资料过程数字化工作方案,负责组织电子资料数字化培训、检查、验收及接收等工作。各参建单位负责合同约定的电子资料数字化工作。

(2)严格依法合规,稳步推进过程数字化。国网特高压公司在招标文件中,明确了电子资料过程数字化工作范围、工作职责等要求;在合同谈判阶段,对工程电子资料过程数字化相关条款做了进一步强调,对不明确的内容通过合同谈判进行了明确,合同条款中规定了各单位依据合同内容、条款、执行时间等信息,稳步推进了数字化工作的开展。

(3)落实软件硬件配置,严格人员持证上岗。为确保工程现场正常开展电子资料过程数字化工作,各项目部及时根据要求配备电子资料过程数字化硬件和软件，包括过程数字化软件硬件和办公环境；并强化两级管理培训，要求严格持证上岗。

各建管单位根据工程进度，分阶段、分区域组织项目技术负责人、资料人员开展电子资料二次交底培训；培训内容包括工程电子资料整理工作要求、电子资料过程数字化管理要求、数字化加工设备、电子资料扫描、图像处理等具体操作。操作人员必须切实掌握电子资料过程数字化扫描的基本规定，熟练掌握图像处理相关技巧。电子资料过程数字化扫描的基本规定包括扫描模式、扫描分辨率、扫描清晰度、扫描质量要求、高速扫描、零边距平板扫描、拍摄扫描、大幅面图纸扫描以及图像质量检查；图像处理相关技巧，包括纠偏、版心居中、去污、二值化处理、图像模糊处理、图像颠倒处理、图像拼接处理、照片页处理、图像合并、转换与 OCR 识别等。

（4）完成电子文件收口挂接。完成电子文件收口挂接指每个阶段整改合格后的电子资料，由监理单位负责对纸质资料做合格标识，以确保文件的唯一性，确保纸质档案、数字化电子资料、归档移交文件三者一致。

为确保过程项目文件的准确性和规范性，开工前，在工程项目文件考核评价基础上，将数字化考核指标纳入《工程档案管理考评实施办法》；业主项目部组织各参建项目部技术及电子资料人员编制工程电子资料数字化考核实施细则，对过程电子资料数字化工作一一列出考核要求，推进工程电子资料数字化进程。

2.6 数字化支撑队伍管理

2.6.1 管理模式

公司坚持党的领导，加强党的建设，优化公司和工程现场建设组织机构和人员配置，通过专业化培训传承工程建设经验，不断充实建设管理人才队伍，强化参建队伍的选择和培育，弘扬具有国网特高压公司特色的企业文化，为工程建设提供强大支撑。

国网特高压公司依托特高压输变电工程建设，充分发挥党建引领作用，进一步加强政治建设、组织建设和文化建设，聚焦人才培养，切实将党员干部凝聚到特高压输变电工程建设上来。规范工程现场临时党支部建设，规范特高压输变电工程现场文化阵地建设，确保工程建设到哪里，党的组织跟进到哪里；组织联合工会开展活动，打造凝聚人心的精神家园。

建立专业人才团队，发挥公司技术专家作用，成立柔性技术团队，培养专业技术人才队伍创新能力；强化公司专家人才选拔培养，优化多元人才成长体系。通过打造专业特色培训体系，传承工程建设经验，依托特高压输变电工程建设平台和人才培养合作单位资源优势，组织开展特高压全流程培训，不断充实建设管理人才队伍。加强参建队伍管控和培育，弘扬具有国网特高压公司特色的企业文化，为工程建设提供强大支撑，完善管控机制，压实参建队伍主体责任，激励参建单位健康发展。提升参建队伍和专业支撑队伍履约能力，提高特高压铁军的凝聚力与战斗力。

2.6.2 数字化创新

（1）为完善"党建引领·和谐团队·精品工程"工作机制，更好地发挥党组织在工程建设过程中的战斗堡垒作用和共产党员的先锋模范作用，实现党的建设与工程建设双促进、双提升，实现"工程建设到哪里，党组织就建到哪里，党组织堡垒作用和党员先锋作用就发挥到哪里"的目标，特高压公司在各特高压输变电工程现场成立临时党支部。针对特高压输变电工程点多面广、地处偏远、参建单位多，人员结构复杂等特点，为解决党建工作垂直管理难度大的问题，提出特高压输变电工程数字党建管理模式。通过特高压输变电工程数字化管控平台，党组织基础数据更新、信息收集发布、党员教育与监督管理等工作均可利用数字化手段开展，可以使党建工作能够超越地域时空的限制，消除工程现场与公司本部的沟通障碍，有效应对党员在线管理、远程服务和网络教育等问题。

（2）充分利用数字化手段，通过开展线上选拔、线上审核、线上培训等方式建设专业人才团队，利用特高压输变电工程数字化管控平台"知识管理"功能模块及"掌上工程"App，可为公司人才培养提供知识库，并利用线上、VR等多种方式开展多元化培训，扩大培训范围，提升参培人员的专业技能和整体素质。

（3）在特高压输变电工程建设中，参建队伍现场管控最关键的因素之一。特高压输变电工程现场参建队伍多、人员复杂；一线施工人员流动性大，专业化程度、施工人员技能水平、安全质量意识、职业素质等参差不齐。通过数字化手段可以加强对参建队伍的管控和培育，落实人员实名制管控、安全教育培训、行为规范等要求，确保作业人员生命安全，依托工程建设开展施工技术专题研究和新技术、新装备应用。通过智能工器具的应用，促进和带动参建队伍专业技术和装备水平持续提升。

2.6.3 典型场景应用

1. 党建引领

特高压输变电工程数字党建管理模式是将网络技术和数字技术嵌入临时党支部的党建工作体系中，通过特高压输变电工程数字化管控平台，优化组织结构和工作流程，推动党组织信息收集与发布、党员教育与监督管理等党务管理工作实现阵地化、数字化、网络化，从而实现党务管理、组织生活、互动交流、教育宣传等党建功能和现场进度管理、人员管控、典型选树等基建工作有机结合，实现党建工作、基建工作的集成化、数字化。

特高压数字化管控平台上线党建工作模块，搭建了可视化指挥平台，党建垂直管理的手段和效率大大提升，实现了所有党组织以及党员干部信息的数字化，既摸清了党情底数，又能够有效弥补工程现场与公司本部之间沟通不便的缺点，有效应对党员在线管理、远程服务和网络教育等问题。特高压数字化管控平台将临时党支部重要会议、"三会一课"、党员干部谈心谈话、群团活动等全部纳入平台管理，实现了过程留痕、动态管理、周期管控、过程联动，对现场党组织运行情况进行实时态势感知和分析预警，解决了特高压输变电工程现场党建工作看不见、摸不着的问题。特高压数字化管控平台在发挥党员服务、党员管理、组织生活、廉政建设等党建功能时形成的大量数据，可以用于对各类相关问题的决策研判，如图2-29所示。

图2-29　工程现场临时党支部

通过特高压数字化管控平台，加强工程现场建设过程中涌现的先进典型的宣传工作，深入挖掘不畏艰辛、攻坚克难的感人事迹，及时总结提炼"党建＋电网建设"深度融合的典型案例和特色做法，如图2-30所示，利用特高压数字化管控平台、新媒体、公众号等多种传播载体，通过演讲、宣讲、宣传等手段对这些典型事迹进行广泛传播，并组织开展典型事迹学习活动，树立公司品牌形象。

图 2-30　数字化管控平台党建模块

2. 人才成长

（1）通过数字化手段选拔建设专业人才团队。数字化手段选拔建设专业人才团队的措施包括：通过线上填报材料、线上审核、线上会议等方式开展公司专业人才选拔及培养；发挥公司技术专家作用，成立柔性技术团队，研究多发频发问题，解决现场实际难题；促进人才培养，跟踪行业前沿技术，引领专业发展方向，承担专业课题、技术标准研究，开展前沿技术交流；建立梯队化人才培养储备系统，托举青年人才、助推骨干人才、选育高端人才；逐步建立起一支高水平、高质量的专家人才队伍，为公司工程管理、科技创新夯实队伍基础，如图 2-31 所示。

（2）为人才培养提供素材及有效支撑。人才培养提供素材及有效支撑的措施包括：利用公司特高压输变电工程数字化管控平台"知识管理"功能模块，为公司人才培养提供有效支撑。同时，国网特高压公司设计开发手机端"掌上工程"App，可实现多途径多元化的数字化手段促进人才成长。公司特高压输变电工程数字化管控平台及"掌上工程"App 中包含培训课件、技术标准、典型经验、典型案例、科技成果、规章制度等内容，可随时调取、查看、学习、留存，满足专业人员根据工程建设情况需随时解决专业问题的需求，提升人才队伍专业化水平，促进工程项目技术管理规范化、标准化、数字化，如图 2-32 所示。

图 2-31　战略人才培养锻炼合作协议签订仪式

图 2-32　加强人才团队培养，师带徒协议签订仪式

（3）打造专业特色培训体系。打造专业特色培训体系的措施包括：利用线上、VR 等多种方式开展多元化培训；国网特高压公司组织专业技能培训，越来越多采用线上方式灵活进行，参培人员可不受地域、环境、疫情等影响，方便参与培训，利于自身技能和素质的提高。线上培训形式灵活便捷，扩大参培人员范围，为人才成长提供更多培训提升的机会，提升人才队伍素质。业主项目部在工程建设现场组织安全教育 VR 培训，通过 VR 三维仿真技术，以三维可视化、多媒体、视频动画等手段，结合 VR 交互设备，在虚拟场景中对施工及管理人员进行沉浸式仿真安全事故防范培训，可以切实提升参培人员的安全意识和专业技能，提高工程建设的安全水平和质量水平，如图 2-33 所示。

图 2-33　工程现场设置 VR 安全体验区

3. 参建队伍

参建队伍包括参与特高压输变电工程建设全过程的设计、施工、监理等单位，以及为工程提供设备物资和工程建设的供应商、提供服务的合同方的管理人员、作业人员。

（1）人员实名制管理。人员实名制管理措施包括：通过现场参建人员实名制管控，对其基本信息、从业记录、培训情况、职业技能和权益保障等进行综合管理，统筹管控建设资源，强化对作业现场人员配置及到岗履职情况的全过程跟踪管控，为实现安全风险精准管控奠定坚实基础。

依托安全生产风险管控平台等信息系统，动态建立作业人员名册，全面实行实名制管理；在进场作业前，对所有作业人员严格实施安全准入考试、资格能力审查，坚决防止安全意识不强、安全记录不良、能力不足的人员进入施工现场，从人员管控的源头牢牢掌控安全管理的主动权。

（2）人员进出及考勤管理。人员进出及考勤管理措施包括：通过安装部署人员进出站自动识别设备，实时获取进出人员身份信息，实现对站内人员实时监管、人员考勤及统计分析。

在变电（换流）站出入口设置人员进站、出站闸机与智能感应装置，所有人员根据采集实时照片及身份信息创建具有自动感应识别和定位功能的智能卡，通过人脸识别、射频识别技术，实现实名制出入管理与人员分类管理，并自动收集人员考勤信息，如图 2-34 所示。

图 2-34　人员进出闸机

（3）安全教育培训。安全教育培训措施包括通过 VR 三维仿真技术，以三维可视化、多媒体、视频动画等手段，结合 VR 交互设备，在虚拟场景中对施工及管理人员进行沉浸式仿真安全事故防范培训。

借助 VR 技术，里面含有多个典型电力实操场景，可以让作业人员还原攀爬电力塔、电线杆等危险作业的场景；利用 VR 模拟危险场景，让受训人员戴上头盔、耳麦，在虚拟的环境中模拟触电、坠落、倒塌等事故，切身体验到视觉、心理冲击，帮助受训人员提高现实中解决危机的能力；利用 VR 的视觉技术，让培训与受训人员大胆地在虚拟环境中尝试各种演练方案，分析各种可能的事故，实现作业引导分析，如图 2-35 所示。

仿真培训能够达到实训效果，全面培养和提高施工管理人员的技术水平和业务能力，同时解决了配套情景培训资源与实训操作场地紧张、实训操作成本高及安全性等问题。

图 2-35　工程现场组织参建人员开展实景体验安全教育

（4）智能工器具。在工程质量验收过程中，利用智能化实测实量设备完成数据采集，为工程质量达标提供保障，促进和带动参建队伍专业技术和装备水平持续提升。

通过实时动态差分（RTK）定位测量、数显卷尺、蓝牙游标卡尺、数字化螺栓紧固力矩扳手、自动强夯机、孔底沉渣厚度检测仪、管道机器人、空气流量检测仪、绝缘子数字化超声波探伤仪等智能化工器具，实现测量数据实时获取、实时记录、实时上传、实时比对；部分监测数据接入数字化管控平台，如有异常情况及时报警并反馈至后台形成记录。

第**3**章
工程现场数字化建设经验

在特高压输变电工程现场开展"智慧工地"建设，是落实电网基建工程"六精四化"智能化工作的"最后一公里"。电网基建阶段智能化工作的出发点和落脚点，是服务工程现场建设，切实起到赋能增效的作用；并通过现场智能化建设，协同工程建设其他参建方，从而带动工程全寿命周期智能化水平整体提升，打造透明化、智能化的电网。国网特高压公司在"智慧工地"建设中，充分把握工程现场管理的难点和重点，通过建设一个个"小而美"典型智能化应用场景，以"实用、管用、好用"为原则，助推特高压输变电工程优质、高效建设，逐步实现工程建设从传统型向智慧型的转变。昌吉—古泉±1100kV 特高压直流工程古泉换流站如图 3−1 所示。

图 3−1　昌吉—古泉±1100kV 特高压直流工程古泉换流站

3.1　白鹤滩水电外送工程"三维深化设计"

3.1.1　工程概况

白鹤滩水电站位于四川省宁南县和云南省巧家县境内，总装机容量16000MW，计划于 2021 年首台机组投产，2023 年初全部建成。为推动能源绿色低碳发展，加强华东负荷中心电力保障能力，缓解四川省弃水问题，中华人民共和国国家发展和改革委员会核准建设白鹤滩—江苏±800kV 特高压直流输电工程（一期）和白鹤滩—浙江±800kV 特高压直流输电工程（二期）。

国网特高压公司受托国家电网有限公司总部，负责该工程的送端换流站建设管理工作。送端换流站位于四川省凉山彝族自治州布拖县特木里镇洛日村和光明村，距离县城西南侧约 350m，由白鹤滩换流站新建工程（一期）、白鹤滩换流站二期新建工程白鹤滩二期换流站两个±800kV 直流换流站及 500kV 变电站三站合一同址布置、分期建设。全站总占地面积 62 公顷、围墙内占地面积39 公顷，是目前世界上最大的换流站工程，如图 3-2 所示。

图 3-2　白鹤滩水电外送工程送端换流站鸟瞰图

3.1.2　特点与目标

为全面提升工程建设水平，国网特高压部在白鹤滩—江苏、白鹤滩—浙江工程中首次推动了特高压输变电工程的三维正向设计工作。布拖（建昌）±800kV 换流站与白鹤滩二期换流站工程为同址不同期建设的两站，其主要的特点、难点是土石方工作量大，地质条件极差；在施工高峰期，二期土建施工运送土石方、钢筋、混凝土等原材料的车辆将与一期工程运送电气设备的车辆使用同一条进站道路，且使用时间高度重叠，施工组织难度大，因此通过三维正向设计与深化设计的数字化手段，可以进一步优化设计和施工质量，建设高水平的工程，如图 3-3 所示。

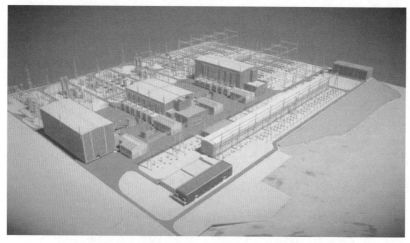

图 3-3　白鹤滩二期换流站全站三维模型

数字化创新主要目标：

（1）换流站建筑/设备信息模型与建设管理深度融合，提前排除施工组织场界内的干扰因素，优化文明施工布置环境，提升工程管控水平。

（2）提前查找各专业在有限空间上的冲突，解决图纸中存在的缺、漏、碰、错、重以及功能不足等问题，消除施工潜在不良隐患。

（3）对现场施工中的"细部"进行三维深化设计，有效指导施工，提升工艺质量水平。

（4）利用三维图纸可视化、精准化、便于计算的特点，探索工程量自动核算功能。

3.1.3 典型场景应用

典型场景应用包括：三维地层模型辅助桩基精细化设计、构支架三维设计加工一体化。

1. 三维地层模型辅助桩基精细化设计

以往工程桩基设计依据二维地质剖面图，对于不在剖面上的桩位只能参考邻近的剖面图，局限性高导致桩基的设计常偏保守。该工程通过建立了全站三维地层模型，并与桩基模型相结合，设计人员可剖切任意桩位的地层断面，更加直观和准确地读取桩位的地质数据，实现桩基的精细化设计，如图 3-4 和图 3-5 所示。

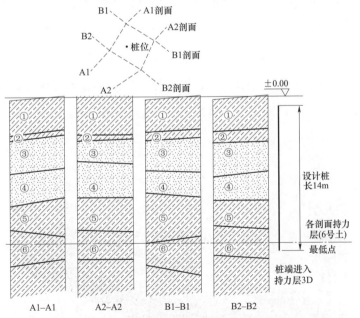

图 3-4 传统桩基设计参考邻近二维地质剖面图

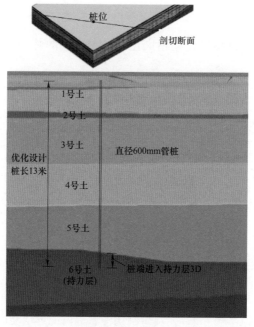

图 3-5 桩基与三维地层结合的剖切断面图

同时，根据换流站各区域功能需求、荷载分布以及地基特点，结合三维地层模型优化了布置型式，并将部分灌注桩修改为预制桩，取消了不必要的桩基设置，如图 3-6 所示。按照桩基工程预结算结果，白鹤滩二期换流站的灌注桩结算工程量较招标量减少 25.42%，管桩结算工程量较招标减少 12.67%，竣工预结算金额较签约合同价减少 1889.57 万元，结余率 16.79%。

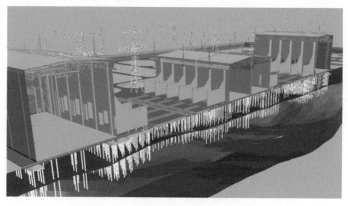

图 3-6 换流区桩基布置及透视图

2. 构支架三维设计加工一体化

白鹤滩二期换流站通过三维数字化设计手段，探索钢结构支架在设计、加工、施工阶段的一体化解决方案，促进设计方案、加工方案、施工方案的有效衔接和数据贯通，以达到优化工作流程、提高工作效率的目的。

在传统设计流程中，设计施工图的节点详图与加工厂家的放样图存在流程重叠，设计详图为厂家放样指定原则、提供参考，设计详图和放样详图均提供到施工现场，如图 3-7 所示。

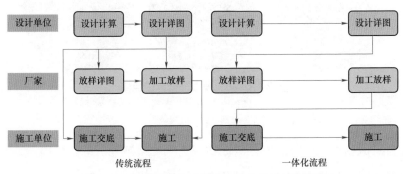

图 3-7 构支架传统流程和一体化设计流程对比

在一体化设计流程中，拟采用三维数字化手段，保留数字化设计资料的关键信息，简化原详图设计和厂家重叠的工作，厂家开展放样详图设计和加工放样，在设计单位确认后将放样详图交付施工单位。

基于一体化设计流程，可以简化设计—加工—施工的工作流程，实现全过程的三维数字化，确保数据信息传递的统一性和唯一性，减少接口差错，提高工作效率。此外，通过三维数字化软件更加快速地统计钢结构工程量，并校核计算结果的准确性。

3. 协助优化复杂空间施工方案

换流站主/辅控楼、高/低端阀厅、电缆故障预警与定位系统（CAFS）设备间、综合泵房、直流场等 30 个主要建构（筑）物均建立了深化三维模型，形成 47 个带二维码的轻量化三维模型；根据现场安全、质量管控重难点，对工程细部开展三维深化设计，进一步提升了施工效率和安全质量管控水平。

按照施工方案要求，三维模型可直观地对现场施工人员安全技术交底，按照三维模型，可直观、便捷地进行现场施工质量管理工作；将脚手架搭设措施和安全配套设施在效果图中体现，完善脚手架混凝土基层、立杆下脚手板铺设、立杆间距、横杆步距、密目网及平网铺设、剪刀撑设置、操作层栏杆和脚手板及踢脚板设置、通道口设置及脚手架搭设顺序等，如图3-8所示。

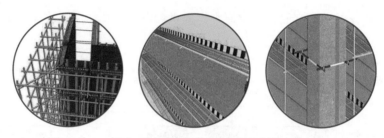

图3-8　防火墙脚手架搭设建模

4. 直流场三维轴测图指导设备安装

针对直流场等接线复杂的区域，实现电气配电装置三维轴测出图，轴测图可以更加直观表达设备的定位、设备安装方向、设备身份信息、设备编号、电气连接以及导体、金具信息，能够减少出图工作量，便于指导现场施工，如图3-9和图3-10所示。

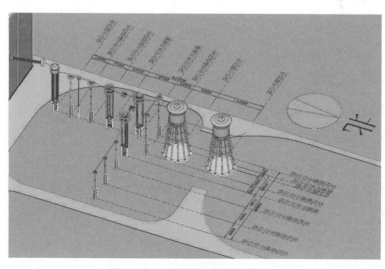

图3-9　极线区域轴测图（一）

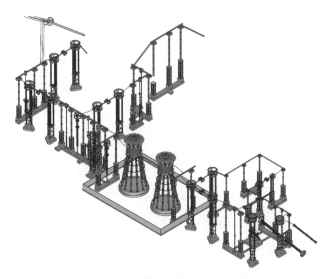

图 3-10 极线区域轴测图（二）

5. 不同专业空间结构检查与优化

白鹤滩水电外送工程在送端换流站通过三维数字化模型动态查找了换流站主控楼、辅控楼等重要建筑不同专业（结构、建筑、暖通、消防、给排水、电气架桥等）在有限空间上的冲突，如图 3-11 所示，共发现暖通风管与结构层碰撞 6 处、电缆桥架与暖通风管碰撞 3 处、静电地板支架与电缆槽盒碰撞 23 处；经设计优化，对建筑室内的设施重新布置，减少了施工返工 32 处，节约了工程造价约 12 万元。

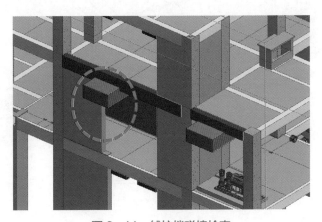

图 3-11 辅控楼碰撞检查

6. 交流场防雷设计效果校核

换流站设备的防雷保护措施有两个方面，一是对直击雷的防护；二是对雷电侵入波的防护。通常原则是：在一定的雷击概率下，使受保护设备处于避雷针（线）的保护范围之内，避雷针（线）的作用是吸引雷电击于自身，并将雷电流迅速泄入大地，以保护设备免受雷击。白鹤滩二期换流站工程交流场采用避雷针，其他区域采用避雷针和避雷线联合保护。为确保白鹤滩二期换流站在建设过程以及后期运行过程中免受雷电危害，本次在避雷针具体布置位置、数量多少以及避雷针高度选择上既采用固定角度法来设计，同时使用了三维数字化防雷校核，如图 3-12 所示。交流 500kV 交流场区域最终采用构 18 根架避雷针来实现该区域防雷保护，其中交流场进线区域构架避雷针 N29～N38 共 10 根，N29～N37 高度为 33m，N38 高度为 40m；无功功率补偿区域独立避雷针 A12 高度为 25m；换流变压器进线构架避雷针 N21～N28 共 8 根，高度均为 42m，如图 3-13～图 3-15 所示。

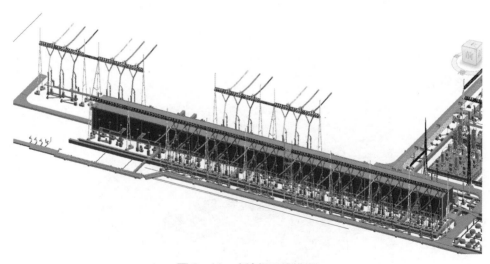

图 3-12 交流场三维模型

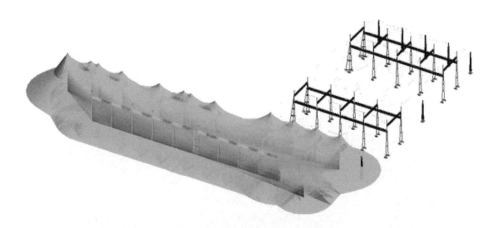

图 3-13 交流场防雷设计三维校核

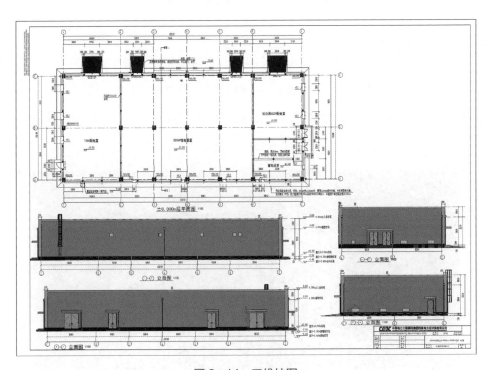

图 3-14 三维抽图

图 3-15　三维数字化图纸交底

7. 阀厅三维封堵施工

　　白鹤滩二期换流站换流变压器阀侧套管封堵依托三维数字化手段，实现了数字化设计、工厂加工、辅助施工一体化流程。设计单位配合材料厂家，完成了封堵材料三维建模、动画展示等工作内容，将成品模型及三维动画提供施工单位，辅助现场施工，如图 3-16 所示。

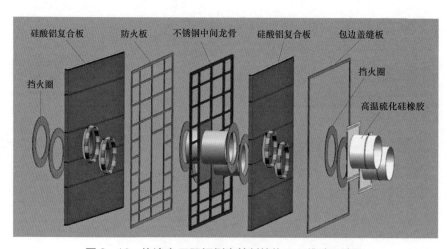

图 3-16　换流变压器阀侧套管封堵施工三维动画演示

3.1.4 应用成效

（1）白鹤滩水电外送工程按现场需求及专业特点，分区域开展三维正向设计、三维方案设计、二维设计 3 种不同深度的三维建模工作。通过统一三维数据交互平台，升级三维建模标准，建设三维模型库，实现不同精度模型分级及"抽屉式"替换，解决了空间占位复杂、专业配合难度大等设计问题，打通结构、建筑、水工、电气等不同专业设计接口，着力解决施工图纸中存在的缺、漏、碰、错、重等问题，避免出现功能性问题，消除施工潜在不良隐患。

（2）土建和电气一次专业在建筑物、阀厅、换流变压器区域和直流场区域开展了三维正向设计，基于模型抽取图纸，从设计上避免碰撞。在建筑、结构、水暖专业协同设计过程中，发现暖通风管模型布置差错，导致风管模型与结构层碰撞，共发现碰撞共计 13 处；经设计优化后，实现了不同专业间的协同设计，避免施工阶段不必要的返工和资源浪费，减少了约 25 万元的返工费用。

3.2 螺山长江大跨越"工程全景监控"

3.2.1 工程概况

螺山长江大跨越工程是南阳—荆门—长沙工程跨越长江、连接湘鄂两省的重要节点。工程建成后能够显著提升鄂豫、鄂湘断面省间电力交换能力，成为华中多能互补电网配置平台的重要组成部分，满足全年各个时段湖南、湖北、河南等省份电力送出和收入需求；同时加强华中电网网架结构，保障酒湖直流馈入后系统安全运行，提升电网安全稳定水平。

工程采用耐—直—直—耐跨越方式一档跨越长江,左岸位于洪湖市螺山镇东侧,右岸位于湖南省临湘市江南镇西侧,档距分布为:765m-2413m-722m,耐张段全长 3900m;新建铁塔基础 6 基,均为低桩承台灌注桩基础,共计混凝土 22208 方;新建 371m 高跨越塔 2 基,锚塔 4 基,均为自立式钢管塔,共计铁塔 10120 吨;导线为 6×JLHA1/G6A-500/280 特高强钢芯铝合金绞线,地线为 2 根 OPGW-300 光缆,如图 3-17 所示。

图 3-17 工程全景效果图

3.2.2 特点与目标

该工程将在特高压领域首次突破 300m 以上的高塔组立,建成世界上最高空心钢管塔,施工难度大、安全风险高。工程灌注桩施工涉及溶洞等不良地质影响,最大桩长达到 55m,插入式钢管重达 22t;铁塔基础涉及超大体积混凝土承台施工,需密切跟踪温度变化并对应采取具体措施;组塔施工最大吊重将达到 20t,是常规工程的 4 倍;架线施工时,放线牵张力超过常规工程的 5 倍;同时,对于插入式钢管安装精度、钢管塔杆件桡度控制、螺栓紧固要求极高。差之毫厘、失之千里，为做好工程安全、质量管控，确保工程的"生命线"万无一失，在工程建设过程中采用全景式监控的方法，建立现场、公司本部两级指挥中心，对"人、机、料、法、环"各要素进行实时监测、预警。

数字化创新主要目标：

（1）应用大数据、云计算、物联网、移动互联网、人工智能等先进技术，实时采集"人、机、料、法、环"等施工现场的各类信息。

（2）借助互联网实现数据的传输，通过各种管控模块将采集的数据进行整理、处理，最终通过全景式监控指挥平台集中展示，实现对现场施工过程的全面管控。

（3）借助数字化手段应用促进安全监控能力、安装质量管控能力的提升。

3.2.3　典型场景应用

1. 构建可视化平台，服务现场、公司两级应用

建成大屏端和网页端全景式监控指挥平台，在业主项目部和南岸跨越塔现场分别建设全景式监控指挥室，便于各项目部之间、项目部与施工班组之间进行管理与沟通；同步实现远程展示指挥功能，确保国网特高压公司管控措施落实到位。全景式监控平台如图 3-18 所示。

图 3-18　全景式监控平台

2. 施工人员状态监测

在现场搭建以智能闸机、智能手环、人员定位装置、智能安全帽等物联网设备为基础的人员现场管控系统，实现对现场作业人员基本信息、作业地点、体征状态、作业行为监控；通过穿戴智能设备，可以时刻监测施工人员的基本信息、三维位置、体征状态等信息，并将采集的信息通过无线传输上传至全景式监控平台，进行数据的处理和记录，进行状态预警，如图 3-19 和图 3-20 所示。

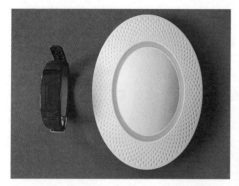

图 3-19 人员生命体征监测手环、智能闸机

图 3-20 人员体征监测和三维位置定位

3. 抱杆状态监测

在全景式监控指挥平台中，接入抱杆实时关键工作数据（包括起吊重量、力矩、幅度、高度、风速、倍率等），当监测参数超过预警阈值时，自动报警；对吊装全过程进行有效管控，提升杆塔组立过程可控性和安全性，使杆塔组立过程正常有序进行，抱杆监测界面如图 3-21 所示。

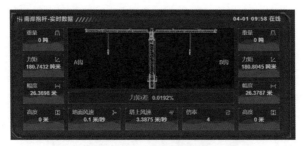

图 3-21 抱杆监测界面

4. 大体积混凝土养护监测

采用智能监测手段，在南、北岸跨越塔（2 基）基础钢筋绑扎时，每基塔（4 腿）共部署 80 个传感器，在基础内部埋设温度传感器，搭设混凝土无线测温系统，依靠无线传输方式，实时采集基础混凝土各部位温度，计算内部最高温度、里表温差和降温速率。在基础施工阶段进行实时监测，在里表温差大于 25℃、降温速率大于 2℃/天时，系统发出报警信息，现场通过配套使用混凝土无线测温系统，针对性采取保温、洒水等养护措施；监测期间各项指标均在控制范围内，凝土温差控制符合国家标准，有效避免了温度裂缝产生，保证了基础混凝土实体质量，如图 3-22 和图 3-23 所示。

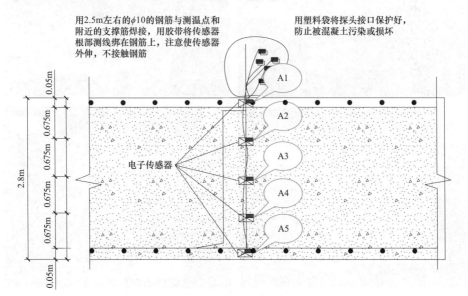

图 3-22 测温点布置图

图 3-23 测温装置

5. 360°无死角施工作业监控

搭建全维度、全天候、零死角现场监控，现场作业画面 100%接入公司视频监控平台，提升工程质量和风险管控能力；如图 3-24 所示。在组塔施工阶段，每套抱杆系统附带 8 组高空全景摄像头，随抱杆同步提升，解决了超高塔常规地面旁站监督难的问题，如图 3-25 所示。

图 3-24 摄像头布设位置图

图 3-25 监控摄像头监控画面

6. 微气象监测及预警

　　微气象监测及预警指建设施工现场微气象站，对施工现场温度、湿度、风力、风向、气压等进行实时监测，监控人员可根据全景式监控平台实时了解现场情况，施工及管理人员可以通过手机短信方式获取最新气候情况。微气象监测及预警有助于根据天气变化情况调整现场施工机具工作状态，加强现场施工对特殊天气的应对能力，为跨越塔组塔、架线施工过程提供实时安全保障，如图 3-26 和图 3-27 所示。

图 3-26 现场微气象监测装置

图 3-27　平台微气象展示界面

3.2.4　应用成效

（1）打造线路工程大跨越工程数字化智慧体系：以全景式监控指挥平台为核心，综合利用感知设备和先进通信手段，开发了工程总览、作业人员、施工器具、施工管理、环境感知、全景展示、工程纪实和系统管理 8 大功能模块，在开工进场、基础、组塔和架线共 4 个阶段，实现对现场施工全方位、全流程和全要素管控。

（2）有效提升大跨越工程施工本质安全水平：建立了大跨越工程全方位人员管理体系，实现高空作业人员塔上施工时三维空间位置实时监测，定位精度达到亚米级，进一步加强高空风险作业安全管控；建立了大跨越工程重要机具管理体系，提高了机具安全管理水平。

（3）大幅度提高大跨越工程施工质量水平：应用大体积混凝土温度监测系统，混凝土温差控制符合国家相关标准；应用三维重构技术辅助质量控制，跨越塔倾斜率控制在 0.05‰，大幅优于 1.5‰的标准值。

（4）搭建大跨越工程作业环境监测体系：采集作业环境数据，结合气象灾害监测实时预警，提升应对特殊气象的应急能力；搭建全维度、全天候、零死角现场监控，现场作业画面 100%接入公司视频监控平台，提升工程质量和风险管控能力。

3.3 南昌变电站工程"设备安装智能管控"

3.3.1 工程概况

南昌 1000kV 变电站新建工程于 2020 年 12 月 15 日获得国家发展改革委核准，工程动态投资 18.14 亿元。土建工程于 2021 年 3 月 10 日开工，电气安装工程于 2021 年 4 月 15 日开工，2021 年 12 月建成投产。

工程占地 15.71 公顷，本期新建 2 组 3000MVA 主变压器，每组主变压器装设 2 组 240Mvar 低压并联电抗器及 2 组 210Mvar 低容；1000kV 采用一个半断路器接线，组成 1 个完整串和 2 个不完整串，安装 7 台断路器；新建出线 2 回至长沙，每回出线各装设 1 组 720Mvar 高压电抗器；500kV 采用 1 个半断路器接线，出线 7 回，工程计列主变压器进线间隔共 4 台断路器，如图 3-28 所示。

图 3-28 南昌站全景图

3.3.2 特点与目标

工程建设前湖南地区电力需求迫切,工程按照"尽最大努力争取 2021 年年底建成投运"的目标,建设工期极为紧张,实际工期为 10 个月,创造了 1000kV 特高压新建变电站工程的纪录。南昌站采取"网格化"区域管理方式,按照"应并行尽并行"的原则,最大化配置管理、作业人员及施工机械全力加快推进。同时,南昌地区近 10 年年均降雨 155 天,对土建、电气及试验进度和质量均有较大影响,尤其土建高峰期 3~8 月降雨量集中,需充分采取雨季施工特殊措施。电气安装集中在 8~11 月,集中到货安装对施工组织和设备质量稳定性提出了更高要求。因此,为抓住工程建设中的突出问题,南昌变电站在智慧工地建设中针对主要设备安装质量进行了智能化的管控。

数字化创新主要目标:

(1)实现主设备及关键组成部分的生产制造、运输、现场安装、试验、调试全过程质量环节的可视化管控。

(2)对设备安装环境进行智能监测,确保安装条件满足要求。

(3)对设备安装过程进行智能监测,保证设备安装质量符合规定。

3.3.3 典型场景应用

1. GIS 现场安装环境控制装备提升研究

在 GIS 厂房内安装三个固定球机,一个移动球机,对安装过程进行实时监控,并在移动厂房入口处、厂房内等多处设置视频监控显示窗口,如图 3-29 所示;移动厂房内安装温度、湿度、空气洁净度实现可视化,助力 GIS 安全高效安装,如图 3-30 所示。

图 3-29 项目监控画面

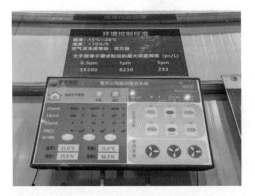

图 3-30 安装环境可视化

环境监控位置与屏幕对应，可以很快判断异常位置；实现安装全过程远程监控、关键指标信息全自动采集，监控数据接入管控平台，如图 3-31～图 3-33 所示。

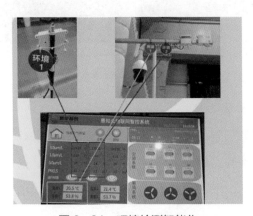

图 3-31 环境检测智能化

图 3-32　移动端调阅 GIS 移动厂房视频及环境监控

图 3-33　安装全过程接入管控平台

2. 油浸主设备安装智慧管控

（1）绝缘油过滤场景：全密封自动化滤油系统主要包括就地监控装置、油罐、气动阀门、输油管路组成，无须人工倒灌、倒管、阀门开闭等操作，可实现自动化卸油、滤油，准确判断绝缘油过滤进程，大大缩短绝缘油过滤时间，如图 3-34 和图 3-35 所示。

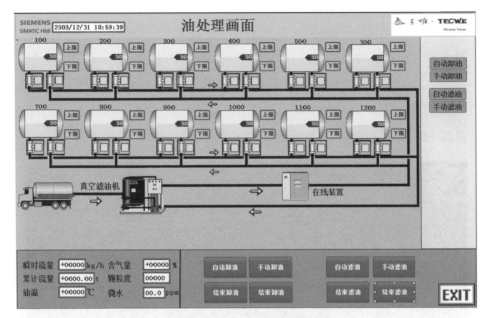

图 3-34 绝缘油过滤操作界面

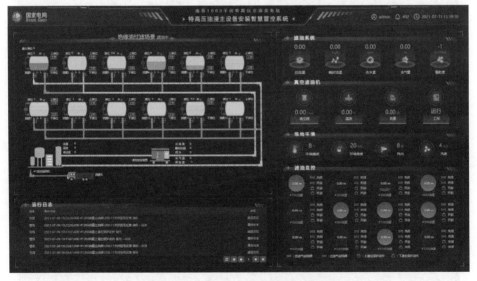

图 3-35 绝缘油过滤场景软件界面

（2）设备内检场景：设备内检场景中的产品技术文件及相关标准中虽对主变压器露空作业期间周边环境、内部含氧量等指标做出了明确要求，但是在实际过程中缺少监测手段；智慧管控系统中的设备内检场景通过在站区布置微气象仪、在主变压器闲置管路阀门接口处配置专用工装及传感器，实现对主变压器开盖作业前对未来天气环境预警、提醒，作业期间相关数据的持续检测，如图 3-36 所示。

（3）设备抽真空场景：设备抽真空场景的重点是实现抽真空全作业过程压力、真空度的全过程监测，同时结合产品技术文件有关要求，系统具备泄漏率检测功能，可自动计算泄漏率检测结果、判断抽真空工艺是否满足要求，如图 3-37 所示。

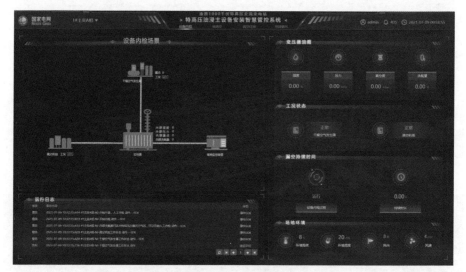

图 3-36　设备内检场景软件界面

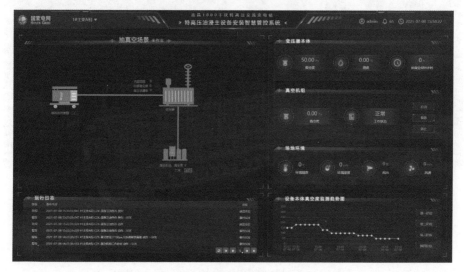

图 3-37　设备抽真空场景软件界面（一）

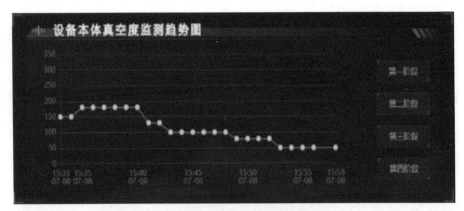

图 3-37 设备抽真空场景软件界面（二）

（4）真空注油场景：选择要注油的变压器，选择自动模式，点击自动注油，弹出窗口选择要注油的蓝色油罐（试验合格）并点击开始注油，系统会监测主变压器真空度，当判断真空度小于或等于 30Pa，自动启动滤油机，开启出油阀开始逐罐注油；系统会根据油罐液位信息自动切换油罐，当变压器油位达到要求或特殊情况，可点击结束注油终止作业，如图 3-38 和图 3-39 所示。

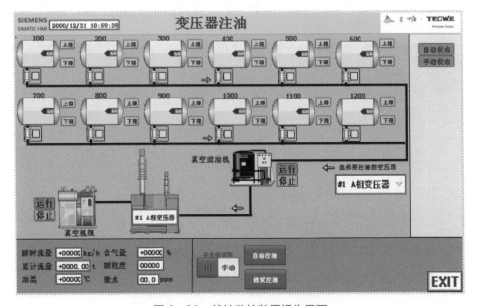

图 3-38 就地监控装置操作界面

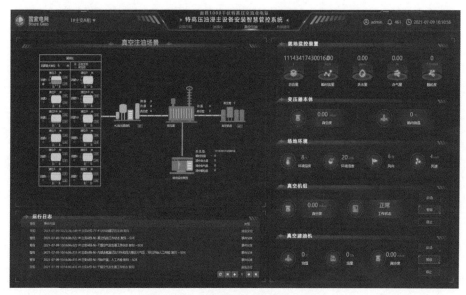

图 3-39　真空注油场景软件界面

（5）热油循环场景：通过在主变压器出油口侧安装温度传感器，在主变压器进油口及滤油机间串接就地监控装置，实现热油循环期间油温、油速、油量及油指标的全过程监测，就地监控装置实时采集相关数据并上传监控后台，如图 3-40 和图 3-41 所示。

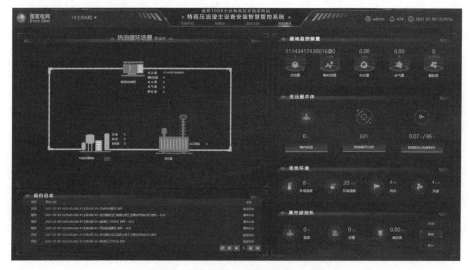

图 3-40　热油循环场景软件界面

图 3-41　油浸主设备现场应用

3.3.4　应用成效

（1）GIS 现场安装环境控制装备提升研究有效地保证了特高压 GIS 产品现场安装质量，解决了原有的移动防尘室存在的环境控制问题，实现了特高压 GIS 扩建工程"室内化安装""工厂化安装"，有效解决了安装质量问题，为保证工程安装保质、按期完成提供了有力保证。

（2）依托物联网技术研发了特高压油浸主设备安装智慧管控系统，实现了物联网技术在电力设备安装过程中的首次应用，从根本上改变了油浸设备安装自动化、智能化、信息化程度偏低的现状，打造了特高压油浸主设备安装新模式。特高压油浸主设备安装智慧管控系统在特高压 1000kV 南昌变电站工程成功试点，试点结果证明，该系统可以有效保障特高压输变电工程油浸主设备安装阶段的施工安装质量和工艺水平，为工程顺利投运和长期安全稳定运行提供了保障，同时可以有效地减少现场人力资源的投入、缩短设备总体安装时间，提升施工效益。

3.4 张北柔直工程"环保水保智能监督"

3.4.1 工程概况

张北柔性直流电网试验示范工程是贯彻落实十九大关于我国能源转型与绿色发展重大部署、服务能源清洁低碳发展的重要举措,承担着可再生能源集约开发利用、服务低碳绿色冬奥、探索未来电网形态重要使命。张北柔性直流电网试验示范工程是世界上首个具有网络特性、电压等级最高、输送容量最大、技术水平最先进的柔性直流电网工程,创造了 12 项世界第一,如图 3-42 所示。张北柔性直流电网试验示范工程额定电压±500kV,新建张北、康保、丰宁和北京 4 座换流站,建设 666km 直流输电线路。国网特高压公司受托国家电网有限公司总部,负责北京、丰宁两个换流站的建设管理工作。

图 3-42　张北柔性直流电网试验示范工程换流站

3.4.2　特点与目标

张北柔性直流电网试验示范工程建设过程中面临着多重困难，给工程建设带来了巨大的考验。一是关键设备安装难度大。张北柔性直流电网试验示范工程首次建设四端柔性直流环形电网，把柔性直流输电电压提升至±500kV，单换流器额定容量提升到 150 万 kV；首次研制并应用直流断路器、换流阀、控制保护等直流电网关键设备，关键设备安装难度大、条件要求高。二是环保、水保要求高。张北柔性直流电网试验示范工程位于北京、冀北地区，途经国家级水土流失重点治理区，涉及饮用水水源保护区、自然保护区、风景名胜区等生态敏感区，建设过程中防治标准要求高，施工工艺难度大。因此，在张北柔性直流电网试验示范工程中，国网特高压公司重点在绿色化施工方面做了很多探索和创新。

数字化创新主要目标：

（1）通过数字化手段加强建设过程管控，严格落实各项环保、水保措施，提升现场环保、水保管理水平。

（2）通过遥感解译、现场核查、移动数据采集等方式，推动生产建设项目天地一体化监管，实现生态环境监管、水土保持监管全覆盖。

（3）贯彻落实绿色发展理念的自觉性和主动性，将生态文明建设的要求落实到工程建设中的每个环节。

3.4.3　典型场景应用

基于互联网＋北斗＋无人机遥感，建立互联网＋空地一体化环保、水保监控系统，实现了环保、水保措施的事前事中事后监管，落实了环保、水保"三同时（同时设计、同时施工、同时使用）"要求，达到了环保、水保工作全程化、智慧化监测的目的，如图 3-43 所示。

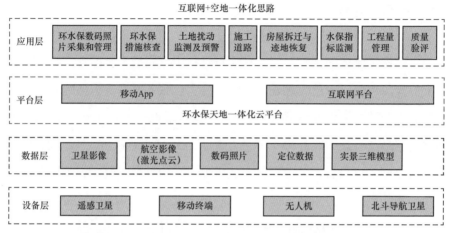

图 3-43　互联网＋天地一体化环保、水保监管框架体系

利用互联网＋空地一体化的手段，通过数码照片的现场管控、卫星影像的大范围监测、无人机的精细化监测，加强环保、水保过程管控；通过倾斜摄影辅助验收检查、激光点云辅助取弃土场验收检查，加强环保、水保验收检查，如图 3-44 所示。

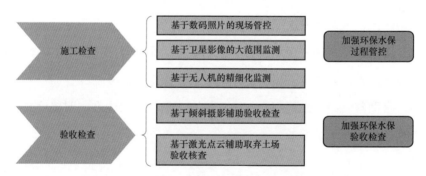

图 3-44　互联网＋天地一体化环保、水保监管手段

1. 基于数码照片的现场管控

数码影像采集系统利用移动端 App 现场实时采集数码照片，在网络条件下同步上传至 Web 端（或利用 Web 端编辑上传已有数码影像），进行后台统一管控的信息化工作系统。

系统支持即拍即分类存储（移动端 App）和批量上传编辑（Web 端）功能，用户可根据不同场景自由选择。能有效提升环保、水保现场数码照片采集与整理效率；在采集、审批、统计各环节促进规范化作业；辅助施工单位、监理单位、业主单位、环保水保及建管单位协同工程环保、水保管控工作开展，如图 3-45 所示。

图 3-45　数码照片采集系统

2. 基于卫星影像的大范围监测

卫星遥感指利用卫星搭载遥感传感器，在大气层外探测目标地物，获取其辐射、反射或散射的电磁波信息，形成具有坐标信息的影像，如图 3-46 所示。

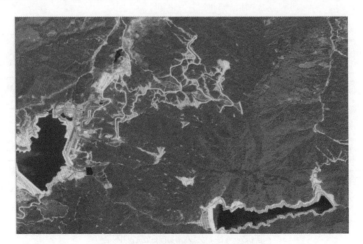

图 3-46　卫星影像辅助变动核查

利用卫星遥感实现工程环保、水保大范围监测，采集施工、竣工阶段 0.5m 和 0.8m 的国产高清卫星影像，实现大范围塔基扰动情况、施工道路扰动情况、房屋拆迁及迹地恢复情况解译，形成《环保、水保核查成果报告》。

3. 基于无人机的精细化监测

无人机遥感利用先进的无人驾驶飞行器技术、遥感传感器技术、遥测遥控技术、通信技术、GPS 差分定位技术和遥感应用技术，具有自动化、智能化、专用化快速获取国土、资源、环境等空间遥感信息，完成遥感数据处理、建模和应用分析的应用技术，如图 3-47 所示。

无人机遥感监测主要包括主体工程进度核查、土地扰动面积核查、新增施工道路核查等 9 方面，通过对比原始影像，形成了覆盖整体的无人机核查技术方案，如图 3-48 和图 3-49 所示。

图 3-47 无人机遥感监测示意图

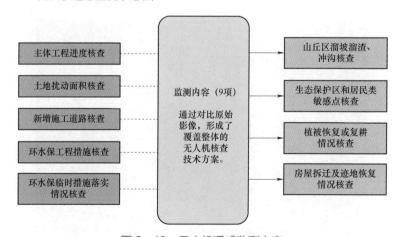

图 3-48 无人机遥感监测内容

图3-49 无人机遥感监测主体工程进度核查

4. 基于倾斜摄影辅助验收检查

基于倾斜摄影辅助验收检查指无人机通过搭载倾斜摄影相机，快速采集区域的倾斜和正射影像，获取到丰富的建筑物顶面及测试的高分辨率纹理信息，利用计算机视觉进行自动空三处理，经过多视影像密集匹配和表面纹理映射等技术手段，最大限度地还原区域内的真实场景，如图3-50所示。

图3-50 无人机航线图

通过获取线路工程通道内的倾斜影像数据，快速完成输电线路走廊环境的三维建模工作，得到更加直观的通道三维模型，更真实地还原通道现状。结合设计资料，分析护坡、挡土墙、排水沟等工程措施实施情况，塔基扰动范围情况，临时措施实施情况，表土剥离、保存和利用情况等，如图3-51所示。

图 3-51 倾斜摄影辅助植被恢复监管

基于倾斜三维模型形成实景三维场景，制作三维漫游视频，水保人员充分了解输电通道地形地貌，辅助水保验收方案编制，如图 3-52 所示。

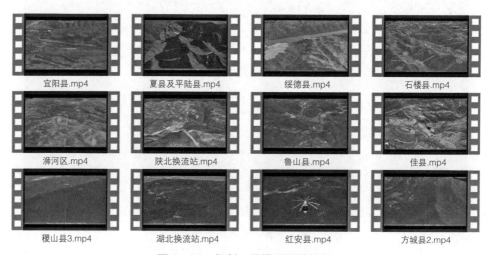

图 3-52 倾斜三维模型漫游视频

5. 基于激光点云辅助取弃土场验收检查

激光雷达基本工作原理由雷达发射系统发送一个信号，打到地面的树木、道路、桥梁和建筑物上，引起散射，经目标反射后被接收系统收集，通过测量反射光的运行时间来确定目标的距离。应用激光点云技术,可以快速得出弃土方量,方便取弃土场验收检查,如图 3–53 和图 3–54 所示。

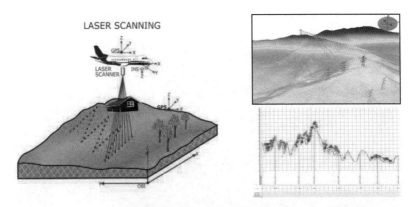

图 3–53　激光点云技术示意图

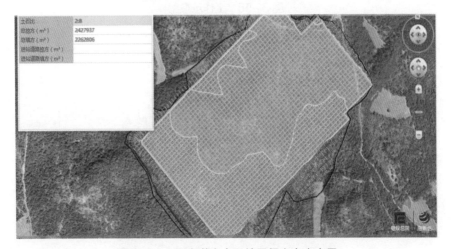

图 3–54　两次激光点云结果得出弃土方量

6. 水土流失智能在线监测

采用"面状水土流失智能在线监测设备"实时监测水土流失状况,实现工程施工现场坡面水土流失量和气象因子的实时采集、存储、远程无线传输、分析计算和图形显示。

"面状水土流失智能在线监测设备"是适用于工程中易出现水土流失区域的在线式实时监测设备,通过对现场地面、坡面等进行多角度、连续性激光扫描测量，在后台实时数据分析，将现场监测区地表以分色波形图形式直观展示；结合对比分析，形成水土流失监测判别结果，为保护区水土保持控制、水保环境分析提供智能化、可视化管理应用，如图 3–55 和图 3–56 所示。

图 3–55　工作示意图

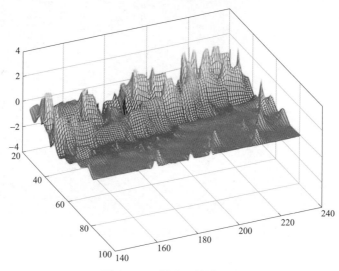

图 3–56　地表三维波形图

3.4.4　应用成效

（1）应用互联网 + 空地一体化环保、水保监控系统，从数据源、技术、时间、成本、应用范围、效果等方面进行对比分析，形成时间短、成本低的环保、水保管控空地一体化工作模式。

（2）以卫片、航片、设计资料等为基础，以影像解译为手段，对环保、水保工作落实情况进行数据展示、对比分析和报告总结，辅助业主对环保、水保工作进行监督，为环保、水保竣工验收工作提供客观依据。

（3）张北柔性直流电网试验示范工程完成了工程环境保护、水土保持设施实施，设施质量合格，措施落实到位，达到了国家法律法规相关要求。工程投运后将张北新能源基地、丰宁抽水蓄能与北京负荷中心可靠互联，服务低碳绿色冬奥，为碳达峰、碳中和贡献力量。

3.5 荆门变电站扩建工程"近电作业智能监测"

3.5.1 工程概况

为落实能源安全新战略，优化加强华中区域电网网架结构，提升电力系统互补互济，保障区域在运及后续投产特高压直流高效稳定输电，满足区域电力发展需求，湖北省发展和改革委员会与国家发展和改革委员会分别于 2020 年 12 月与 2021 年 4 月核准了建设荆门—武汉 1000kV 特高压交流输变电工程与南阳—荆门—长沙 1000kV 特高压交流输变电工程，两项工程均含荆门 1000kV 变电站扩建部分，两部分先后开工、同期建设，工程新增占地 4.821 公顷，新增建筑面积 576m²，工程静态投资约 12.5 亿元。

荆门 1000kV 变电站扩建工程处于特高压交流华中环网的"T"字枢纽节点，对加强华中四省电网联络、保障多回直流馈入后华中电网安全稳定运行、构建电力资源优化配置平台具有重要建设意义，如图 3-57 所示。

图3-57　荆门1000kV变电站扩建工程全景图

3.5.2　特点与目标

工程1000kV联合构架的尺寸结构大、吊装工程量大，起重作业、高处作业的安全风险高，同时包含特高压变电站工程首次进行监控系统站控层整体升级改造及500kV母线扩建分段间隔施工，临近带电体作业多、停电过渡方案复杂。

数字化创新主要目标：针对扩建站临近带电体作业较多的情况，通过雷达等探测设备对带电体进行监测，从而保障人员的作业安全和设备安全。

3.5.3　典型场景应用

工程1000kV部分扩建5回线路、500kV部分扩建2组母线分段间隔、110kV部分扩建2组低压并联电抗器间隔，均在带电运行区进行，面临复杂的空间带电体问题，尤以500kV扩建母线分段间隔最为突出，具体如图3-58和图3-59所示。

图 3-58 特高压荆门站 500kV 扩建母线分段间隔带电体空间布置情况

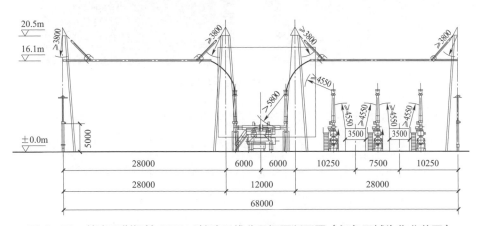

图 3-59 特高压荆门站 500kV 扩建母线分段间隔断面图（红色区域为作业范围）

以往工程临近带电体作业距离的管理方式一般为五种，分别为人工监护提示、图纸校核、使用限高杆、使用限位绳、安装红外对射装置，以上方法均有不同程度上的缺点与不足。

为了解决由于临近带电体作业的安全距离控制不严、警示不足、操作不当等原因而可能导致的人身和电网事故，工程依托相关质量控制 QC 项目，通过各项调查与计算，研发并试用了一套提高临近带电体距离测控精度的系统。

在现场应用中，通过测距系统对一处 110kV 管母线进行了距离对比测量。激光测距仪显示距离为 5.922m，测距系统显示距离为 5.928m，实测测距误差为 6mm，测距精度达到了 10mm，满足 GB 26860—2011《电力安全工作规程　发电厂和变电站电气部分》与 DL 5009.3—2013《电力建设安全工作规程　第 3 部分：变电站》要求，安全距离控制的精度为 0.01m，能够实现现场各类临电体作业中的测距报警功能，如图 3-60 所示。

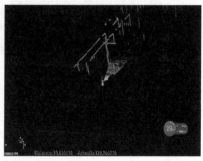

图 3-60　测距精度现场实测场景

测距系统由 1 个高精度探测雷达、1 个声光报警器、1 个控制系统、1 个无线模块、数据线等组成，采用 6～24V 蓄电池供电；通过激光雷达实时探测临近带电体距离，基于三维建模和无线载波定位技术实时测算人员设备与带电体的空间距离；为保障现场工作的安全性，配置了高清摄像头辅助进行带电线路的识别，摄像头同时能将触发预警值时的现场场景通过系统传输至现场管控平台，在输出报警信息的同时进行现场实际场景的展示。

将长距 3D 激光面阵雷达安装在吊机臂上，通过电缆线连接到置于操作室内的锂电池方式供电，数据通信可以采用无线方式传输到 BIM 系统，操作室内会有显示终端，如图 3-61～图 3-63 所示。

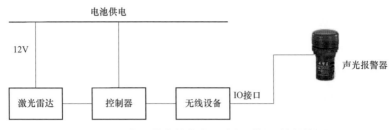

图 3-61　临近带电体作业距离探测仪系统架构图

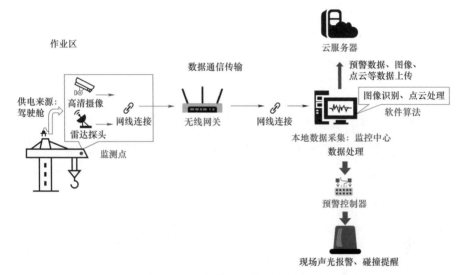

图 3-62　临近带电体作业拓扑图

图 3-63　临近带电体测量

　　探测视场角范围内场景的三维信息并构建对应的场景点云数据，以此实现物体检测、定位、避障、报警等功能。系统也可根据视场范围，采取自定义设置，当测量距离超过安全距离时，及时发出报警，并将相关数据传输至相关人员。

3.5.4 应用成效

（1）荆门变电站扩建工程通过应用测距系统，成功协助现场施工项目部安全顺利完成了临运行区桩基施工1次以及涉及运行站内的1000kV母线临电作业2次、500kV母线临电作业3次、110kV低压电抗器区域临电作业1次，保障了电气2个班组共46人的施工安全。

（2）提高了运行站3个施工区域各装置设备的施工质量，相关区域在站内第一阶段启动调试中一次性顺利通过调试流程后，已按计划移交运行单位使用。

（3）配合吊车、泵车等机械，在临近带电体作业情况下，通过清晰的告警信号指导施工作业，克服了荆门地区春季多雨影响施工的难点，减少了停电施工的时间，在短于调度给定的时间内顺利完成了临电施工任务，应用范围和应用前景广阔。

展　望

经过十几年的大力发展，特高压电网已成为我国远距离大容量电力能源输送的"主动脉"，促进了能源从就地平衡到大范围配置的根本性转变。未来，特高压输变电工程仍将长期处于大规模建设阶段。"十四五"以来，多项特高压输变电工程已经开工建设或者正在紧锣密鼓地开展前期工作，为数字化发展与应用提供了广阔前景，并为其不断迭代升级创造实践条件。

2022 年是国家电网基建"六精四化"三年行动计划实施方案的起步年。"智能化"作为其中重要组成部分，在数字化新形势下支撑电网基建，发挥重要作用。工程数字化发展与应用将继续以"实用、管用、好用"为目标，通过数字化手段为特高压输变电工程建设减负增效，推进专业管理数字化转型，提升特高压输变电工程建设的本质安全和实体质量。

我们相信，在特高压输变电工程大规模建设及数字化转型加快推进的形势下，不仅可以在电网工程中推广数字化建设典型经验，也可以结合其他行业领域建设需求，借鉴本书成果形成个性化数字化建设具体做法，为推动基础设施建设及数字化发展贡献力量。

附　　录

遵循依据包括但不限于以下内容：

《中华人民共和国网络安全法》

《中华人民共和国个人信息保护法》

《中华人民共和国数据安全法》

《中华人民共和国密码法》

《中华人民共和国电子商务法》

《关键信息基础设施安全保护条例》

《国家电网有限公司关于印发基建"六精四化"三年行动计划的通知》（国家电网基建〔2022〕6 号）

《国家电网有限公司基建管理通则》［国网（基建/1）92—2021］

《国家电网有限公司基建数字化管理办法》［国网（基建/3）818—2021］

《国家电网有限公司输变电工程建设安全管理规定》［国网（基建/2）173—2021］

《国网特高压部关于印发特高压及直流线路工程三维设计发展总体策划（2021—2025 年）和指导意见的通知》（特线路〔2021〕46 号）

《国家电网有限公司数字化架构管理办法》［国网（信息/4）119—2022］

《国家电网有限公司信息系统设计管理细则》［国网（信息/4）849—2022）］

《国家电网有限公司大数据应用管理办法（试行）》（国家电网企管〔2022〕40 号）

《国家电网有限公司网络安全等级保护建设实施细则》（国家电网企管

〔2022〕40号）

《国网互联网部关于印发统一数据模型 SG-CIM4.8 的通知》（互联技术〔2021〕4号）

《国网互联网部关于进一步加强统一数据模型（SG-CIM）优化完善和应用工作的通知》（互联技术〔2021〕35号）

《国网特高压部关于印发特高压及直流线路工程基础质量检测管理等3项工作指导意见的通知》（特线路〔2021〕13号）

《国网特高压部关于推广应用换流站工程"智慧工地"建设与应用标准化的通知》

《国网互联网部关于印发公司"十四五"数字化规划编制工作方案的通知》（互联网计划〔2020〕15号）

《国网基建部关于调整"e基建"应用为基层减负的通知》（基建安全〔2022〕45号）

《国网特高压部关于印发〈特高压线路工程环境保护与水土保持典型设计（试行）〉的通知》（特计划〔2022〕28号）

《国家电网有限公司关于印发2021年基建数字化应用与建设工作方案的通知》（国家电网基建〔2021〕25号）

《电网基建工程现场感知技术规范》（国家电网企管〔2021〕226号）

《电力物联网感知层设备接入安全技术规范》（国家电网企管〔2021〕226号）

《电力物联网全场景安全监测数据采集基本要求》（国家电网企管〔2021〕226号）

《国网基建部关于全面推进基建全过程综合数字化管理平台应用工作的通知》（基建综〔2020〕59号）

《国网基建部关于加强基建全过程综合数字化管理平台建设成果推广实施

管控工作的通知》（基建综〔2020〕40 号）

《国网基建部关于深化电网工程三维设计及电网工程数字化管理应用的意见》（基建技术〔2019〕9 号）

《国家电网有限公司电网数字化建设管理办法》〔国网（信息/2）118—2020〕